中华人民共和国国家标准

丝绸设备工程安装与质量验收规范

Code for installation and quality acceptance of silk equipment engineering

GB/T 51088 - 2015

主编部门：中 国 纺 织 工 业 联 合 会

批准部门：中华人民共和国住房和城乡建设部

施行日期：2 0 1 5 年 1 0 月 1 日

中国计划出版社

2015 北 京

中华人民共和国国家标准
丝绸设备工程安装与质量验收规范
GB/T 51088-2015
☆
中国计划出版社出版
网址：www.jhpress.com
地址：北京市西城区木樨地北里甲11号国宏大厦C座3层
邮政编码：100038 电话：(010) 63906433（发行部）
新华书店北京发行所发行
北京市科星印刷有限责任公司印刷

850mm×1168mm 1/32 3.5印张 86千字
2015年8月第1版 2015年8月第1次印刷
☆
统一书号：1580242·693
定价：21.00元

中华人民共和国住房和城乡建设部公告

第731号

住房城乡建设部关于发布国家标准《丝绸设备工程安装与质量验收规范》的公告

现批准《丝绸设备工程安装与质量验收规范》为国家标准，编号为GB/T 51088—2015，自2015年10月1日起实施。

本规范由我部标准定额研究所组织中国计划出版社出版发行。

中华人民共和国住房和城乡建设部

2015年2月2日

前　言

本规范是根据住房城乡建设部《关于印发〈2011年工程建设标准规范制订、修订计划〉的通知》(建标〔2011〕17号)的要求,由中国纺织工业联合会和浙江金鹰股份有限公司会同有关单位共同编制完成的。

本规范在编制过程中,编制组根据我国丝绸行业发展现状,考虑行业持续发展的需要,并结合丝绸设备的特点,认真总结多年来国内外丝绸设备的设计和安装运行经验,广泛征求全国有关纺织企业、科研设计单位、设备生产企业及相关大专院校等多方面专家学者的意见,经反复讨论、修改,最后经审查定稿。

本规范共分9章和2个附录,主要内容包括:总则、基本规定、通用部件及单元机安装、制丝主要设备安装、绢纺主要设备安装、丝织主要设备安装、丝绸印染主要设备安装、设备试运转和工程安装验收等。

本规范由住房城乡建设部负责管理,由中国纺织工业联合会负责日常管理,由浙江金鹰股份有限公司负责具体技术内容的解释。本规范执行过程中请各单位认真总结经验,如发现需要修改和补充之处,请将意见或建议寄送至浙江金鹰股份有限公司(地址:浙江省舟山市浙江金鹰鸭蛋山工业园区纺机技术部,邮政编码:316000,电子邮箱:HM2698@163.com),以供今后修订时参考。

本规范主编单位、参编单位、主要起草人和主要审查人:

主编单位:中国纺织工业联合会

浙江金鹰股份有限公司

参编单位:中国纺织机械器材工业协会

绍兴东升数码科技有限公司
浙江理工大学
浙江方正轻纺机械检测中心有限公司
浙江省纺织机械标准化技术委员会
浙江泰坦股份有限公司
杭州开源电脑技术有限公司
浙江奇汇电子提花机有限公司
浙江羊山纺织机械有限公司

主要起草人: 黄　美　徐作耀　胡弘波　张伯洪　傅如平　顾叶琴　姚旦鸣　魏顺勇　王尧军　董　炯　郑跃兴　景印武　俞传奎　王伯奇　王生龙　陈明浩　胡旭东　严琦眉

主要审查人: 黄鸿康　张闻达　王冰华　孙锦华　沈国先　秦伟明　喻永达　倪济裕　刘华平　亓国宏　陈伟义

目　　次

Contents

1 总　　则

1.0.1 为了统一丝绸设备工程安装的技术要求，指导和规范丝绸设备工程安装及验收，确保设备安装和施工过程安全，统一工程验收标准，促进技术进步，提高经济效益，制定本规范。

1.0.2 本规范适用于新建、改建和扩建制丝工厂、绢纺工厂、丝织工厂、丝绸印染工厂设备工程的安装与质量验收。

1.0.3 丝绸设备工程的安装与质量验收，除应符合本规范外，尚应符合国家现行有关标准的规定。

2 基本规定

2.0.1 丝绸设备工程安装与质量验收单位应有完整的施工技术标准、质量控制及检验制度，以及健全的质量管理体系。

2.0.2 丝绸设备工程安装与质量验收时采用的工程技术文件，承包合同中对安装与质量验收的要求不应低于本规范的规定。

2.0.3 施工图纸修改应有设计单位的设计变更通知书或技术核定签证。

2.0.4 丝绸设备工程安装的质量检查和验收，应使用校准合格的计量器具。

2.0.5 压力容器类设备及其安全装置、监测仪表的安装，应按国家现行有关固定式压力容器安全技术监察规程和压力容器安装改造维修许可规则的规定执行。

2.0.6 丝绸设备工程安装前的其他施工条件，应符合现行国家标准《机械设备安装工程施工及验收通用规范》GB 50231 的有关规定。

2.0.7 设备基础施工前，应依据地基图、设备平面布置图和有关建筑物的轴线或边沿线和标高线划定安装基准线。互相有连接、衔接或排列关系的设备，应放出共同的安装基准线、设备具体基础位置线及基础标高线。

2.0.8 设备安装前应进行基础检查验收，设备基础强度应符合设计文件要求，同时应按设计文件要求进行检验，并应形成验收文件。

2.0.9 设备基础尺寸和位置的允许偏差应符合表 2.0.9 的规定。

表 2.0.9　设备基础尺寸和位置的允许偏差

<table>
<tr><th>项次</th><th colspan="3">检 验 项 目</th><th>允许偏差</th><th>检 验 方 法</th></tr>
<tr><td>1</td><td colspan="3">基础纵、横坐标位置</td><td>±10mm</td><td>用钢卷尺或水准仪检查</td></tr>
<tr><td>2</td><td colspan="3">单台基础平面标高</td><td>−10mm～0</td><td>用钢直尺和水准仪检查</td></tr>
<tr><td>3</td><td rowspan="2">预埋地脚螺栓</td><td colspan="2">顶端标高</td><td>0～5mm</td><td>用钢直尺检查</td></tr>
<tr><td>4</td><td colspan="2">垂直度</td><td>0～2mm</td><td>用钢直尺，
三点法计算检查</td></tr>
<tr><td>5</td><td rowspan="11">基础面弹线</td><td rowspan="3">墨线直线度</td><td>线长<20m</td><td>0～1mm</td><td rowspan="3">用钢丝线对准墨线两端，用钢直尺检查墨线直线度</td></tr>
<tr><td>6</td><td>20m≤线长≤50m</td><td>0～1.5mm</td></tr>
<tr><td>7</td><td>线长>50m</td><td>0～2mm</td></tr>
<tr><td>8</td><td colspan="2">墨线宽度</td><td>0～1mm</td><td>用钢直尺检查</td></tr>
<tr><td>9</td><td colspan="2">主定位线(十字线)垂直度</td><td>0～1/1000</td><td>用角尺、钢直尺检查</td></tr>
<tr><td>10</td><td rowspan="3">机台主定位线排列尺寸</td><td>第一排主定位线与本跨柱网距离</td><td>±1mm</td><td rowspan="3">用钢直尺检查</td></tr>
<tr><td>11</td><td>邻排主定位线间距离</td><td>±1mm</td></tr>
<tr><td>12</td><td>末排主定位线与起始柱网距离</td><td>±3mm</td></tr>
<tr><td>13</td><td rowspan="2">各机台辅助线与主定位线距离</td><td>平行距离≤1m</td><td>±0.5mm</td><td rowspan="2">用钢卷尺或钢直尺在辅助线的两端检查与主定位线的距离偏差</td></tr>
<tr><td>14</td><td>平行距离>1m</td><td>±1mm</td></tr>
<tr><td>15</td><td colspan="2">各电动机、变速箱的中心线与定位线</td><td>0～2mm</td><td>用钢卷尺在定位线两端检查</td></tr>
<tr><td>16</td><td rowspan="4">机台的位置偏移</td><td colspan="2">车头内、外侧线偏移</td><td rowspan="4">0～0.5mm</td><td rowspan="4">吊线锤，用塞尺检查</td></tr>
<tr><td>17</td><td colspan="2">机架(框)外侧线偏移</td></tr>
<tr><td>18</td><td colspan="2">车面前、后侧线偏移</td></tr>
<tr><td>19</td><td colspan="2">机台中心线偏移</td></tr>
</table>

2.0.10 设备在安装前需进行多次弹线时，前后各次弹线应采用同一基准。

2.0.11 设备基础、地脚螺栓、垫铁、灌浆，应符合设计文件要求或现行国家标准《机械设备安装工程施工及验收通用规范》GB 50231的有关规定。

2.0.12 设备和相关物料搬运或吊装时，吊装点应根据设备或包装箱标识位置设置，并应采取保护措施，设备和相关物料不应有损伤。

2.0.13 设备安装前应进行开箱检验，相关方应根据装箱单、合同附件等文件逐一进行清点，应形成检验记录并签字确认。检查验收应符合下列要求：

1 包装箱应完好无损；

2 箱号、箱数应与发货清单相符；

3 设备、安装用零部件、备品备件、专用工具的名称、型号、数量和规格，应符合合同附件或装箱清单；

4 随机文件、图样应符合合同附件；

5 部件表面不应有损伤、锈蚀等现象。

2.0.14 开箱后，设备和相关物料应做好交接手续，应明确各自的保管责任，并应及时进行安装，不能及时进行安装时，应采取防雨、防尘、防水、防撞击等防损保管措施。

2.0.15 进场时应检查产品的相关证件，各类电气设备、器具的进场验收，除应符合本规范的规定外，尚应提供中文或英文的安装、使用、维修和试验要求等技术文件。

3 通用部件及单元机安装

3.1 机 械 部 分

3.1.1 零部件的安装应符合现行国家标准《机械设备安装工程施工及验收通用规范》GB 50231 的有关规定，允许偏差应符合表 3.1.1 的规定。

表 3.1.1 零部件安装的允许偏差

<table>
<tr><th>项次</th><th colspan="2">检 验 项 目</th><th>允许偏差</th><th>检 验 方 法</th></tr>
<tr><td>1</td><td colspan="2">托脚、轴承座与机架(墙板)
加工面的间隙</td><td>0～0.05mm</td><td>稍拧紧螺栓，
用塞尺检查</td></tr>
<tr><td>2</td><td rowspan="2">啮合齿轮
齿向</td><td>加工端面的对称度</td><td>0～1.5mm</td><td>用钢直尺检查</td></tr>
<tr><td>3</td><td>非加工端面的平齐度</td><td>0～2mm</td><td>用钢直尺检查</td></tr>
<tr><td>4</td><td>凸轮与
转子</td><td>轴向位置对称度</td><td>0～0.50mm</td><td>转子向正、反方向推足，凸轮与转子两侧面间的距离取算术平均值</td></tr>
</table>

3.1.2 两零件接触面安装的技术要求应符合表 3.1.2 的规定。

表 3.1.2 两零件接触面安装的技术要求

<table>
<tr><th>项次</th><th colspan="2">检 验 项 目</th><th>技术要求</th><th>检 验 方 法</th></tr>
<tr><td>1</td><td colspan="2">车脚垫板</td><td>≥75%</td><td>用着色法或塞尺检查</td></tr>
<tr><td>2</td><td colspan="2">凸轮与转子</td><td>≥80%</td><td>用着色法，钢直尺检查</td></tr>
<tr><td>3</td><td colspan="2">车面、机架(墙板)、横档、龙筋</td><td>≥80%</td><td>用塞尺检查</td></tr>
<tr><td>4</td><td colspan="2">与滑动轴承接触面</td><td>≥75%</td><td>用着色法或塞尺检查</td></tr>
<tr><td>5</td><td rowspan="2">链条联轴节同轴度</td><td>径向位移</td><td>(0.02p)mm</td><td rowspan="2">用塞尺、百分表检查</td></tr>
<tr><td>6</td><td>端面倾斜</td><td>0.5/1000</td></tr>
</table>

续表 3.1.2

项次	检验项目		技术要求	检验方法
7	十字滑块联轴器同轴度	径向位移	(0.04d)mm	用塞尺、百分表检查
8		端面倾斜	0.3/1000	
9	弹性圆柱销联轴器同轴度	径向位移	(0.03d～0.04d)mm	用塞尺、百分表检查
10		端面倾斜	0.3/1000	

注：表中字母 p 为链轮节距，d 为轴径。

3.1.3 各回转件转动应灵活。

3.1.4 设备排列或零部件安装间距应符合相应工艺技术规定。

3.1.5 紧固件、齿轮、链传动、离合器和制动器、传动联结件安装，应符合设计文件要求或现行国家标准《机械设备安装工程施工及验收通用规范》GB 50231 的有关规定。

3.1.6 丝绸印染设备单元机及通用单元类共同项目安装的允许偏差，应符合表 3.1.6 的规定。

表 3.1.6 丝绸印染设备单元机及通用单元类共同项目安装的允许偏差

项次	检验项目	允许偏差	检验方法
1	单元机、通用单元中心线与全机基准线对称度	0～1.5mm	吊线锤，用钢直尺检查
2	槽钢支架的水平度	0～2/1000	用水平尺检查
3	槽钢支架的垂直度	0～2/1000	用水平尺检查
4	主轧车轧辊与基准十字线的平行度	0～1/1000	吊线锤，用钢直尺检查
5	基准导布辊与基准十字线的平行度	0～1/1000	吊线锤，用钢直尺检查

3.1.7 丝绸印染设备的进布装置、出布装置、松紧架等直辖部分安装的允许偏差，应符合表 3.1.7 的规定。

表 3.1.7 丝绸印染设备的进布装置、出布装置、松紧架等直辖部分安装的允许偏差

项次	检验项目		允许偏差	检验方法
1	进布装置	吸边器轧点与上下导布辊直线	0～3mm	拉线,用钢直尺检查
2		紧布器水平度	0～1/1000	用水平尺检查
3	导布辊	水平度	0～0.4/1000	用水平仪检查
4		平行度	0～1/1000	用钢卷尺检查
5	松紧架导布辊水平度		0～0.5/1000	用水平仪检查
6	出布装置落布辊水平度		0～1/1000	用水平尺检查
7	冷水辊装置	冷水辊筒水平度	0～0.5/1000	用水平仪检查
8		冷水辊筒平行度	0～1/1000	用卡规检查

注:摆式松紧架的水平度在水平位置检查。

3.1.8 丝绸印染设备除应符合本规范第3.1.6条和第3.1.7条的规定外,还应符合下列要求:

1 出布装置中的落布小压辊加压、卸压动作应灵活,与落布辊接触应良好;

2 落布装置摆动应一致;

3 导布辊表面应光滑、清洁;

4 扶手、防护栏杆等的安装应符合现行国家标准《纺织工业企业职工安全卫生设计规范》GB 50477的有关规定。

3.2 管道、阀、仪器仪表、电气部分

3.2.1 各类管道及管接件内壁不应有异物堵塞,连接部位应紧密。安装定位后表面应良好,应无明显凹弯。各种管道的标记颜色应符合现行国家标准《工业管道的基本识别色、识别符号和安全标识》GB 7231的有关规定。

3.2.2 各控制阀的安装应符合下列要求:

1 安装位置应准确,且应便于操作、维修;

2　连接应同心、垂直、平整、紧密，且安装方向应准确。

3.2.3　安全阀应经资质部门检定合格，动作应可靠。

3.2.4　仪器、仪表的安装应符合下列要求：

1　安装位置应准确，并应便于维修；

2　仪器、仪表应经检定合格，且应在检定合格有效期内。

3.2.5　管道、仪器仪表部分的安装应与土建、其他专业施工相配合。

3.2.6　电气设备部分安装的技术要求应符合表3.2.6的规定。

表3.2.6　电气设备部分安装的技术要求

<table>
<tr><th>项次</th><th colspan="2">检验项目</th><th>技术要求</th><th>检验方法</th></tr>
<tr><td>1</td><td rowspan="2">接地电阻</td><td>设备单独接地</td><td>0～4Ω</td><td rowspan="2">接地电阻测试仪</td></tr>
<tr><td>2</td><td>设备采用共用接地装置</td><td>0～1Ω</td></tr>
<tr><td>3</td><td colspan="2">交流电动机绕组的绝缘电阻</td><td>0.5MΩ～∞</td><td rowspan="2">按现行国家标准《电气装置安装工程　电气设备交接试验标准》GB 50150的有关规定执行</td></tr>
<tr><td>4</td><td colspan="2">电线电缆的绝缘电阻</td><td>1MΩ～∞</td></tr>
<tr><td>5</td><td colspan="2">电机底座纵、横向水平度</td><td>0～0.3/1000</td><td>用水平仪检查</td></tr>
<tr><td>6</td><td rowspan="2">电气控制柜、台、箱、屏、盘</td><td>相互间隙</td><td>0～2mm</td><td rowspan="2">用钢卷尺检查</td></tr>
<tr><td>7</td><td>成列盘面总间隙</td><td>0～5mm</td></tr>
</table>

3.2.7　电气控制柜、台、箱、屏、盘的安装应稳固。

3.2.8　电气设备及保护元件的型号、规格及整定值应按设备配套明细表核对。

3.2.9　具有内部接线的设备，应在设备内贴有耐久的原理线路图和接线图。

3.2.10　电气设备的安装应安全可靠、位置正确，使用场所应有足够的照明和良好的通风条件。

3.2.11　电气设备的金属外壳应可靠接地或接保护接地中性导体。

3.2.12 电气设备的接地应符合下列要求：

1 接地装置的接地电阻值应符合设计文件要求；

2 接地装置应与接地网可靠联结；

3 接地线径大小应根据设备功率合理选择，且应采用多股裸编织软铜线；

4 产生静电的设备应采取防静电接地的措施；

5 其他接地要求应符合现行国家标准《建筑物防雷设计规范》GB 50057 的有关规定。

3.2.13 电机的安装应符合下列要求：

1 电机安装应符合其空载满载电流要求，且应三相平衡；

2 接线柱与导线的连接应准确、牢固；

3 电机的安装应准确、牢固；

4 电机的温升应正常，不应过热、有火花。

3.2.14 电线、电缆应符合下列要求：

1 电线、电缆的绝缘电阻测量和交流耐压试验，应按现行国家标准《电气装置安装工程　电气设备交接试验标准》GB 50150 的有关规定执行；

2 不应损伤，中间不应接头；

3 线径大小及线缆敷设应符合设计文件要求；

4 导线、接线端子编号应清晰完整。

3.2.15 电源进线要求应符合下列要求：

1 设备电源进线的 A、B、C 相的相序及 N、PE 线，绝缘层颜色应与配电系统相一致；

2 线径应根据设备功率合理选择；

3 进线方式应符合设计文件要求；

4 接线应准确、牢固，绝缘应良好。

3.2.16 电器元件的可动部分应灵活、可靠，不应有异热、异响、磁滞。

3.2.17 电气控制柜、台、箱、屏、盘的信号灯、按钮、光字牌、讯响装置、事故报警装置动作和显示信号应准确，且应符合生产工艺和安全要求。

3.2.18 指示灯、报警器、急停装置、讯响装置应效果明显，操作按钮的颜色选择应符合要求。

3.2.19 各种保护电器开关、电器元件的整定值应正确、动作可靠。

3.2.20 保护装置的各类限位开关应灵活、性能可靠。

3.2.21 配电箱、盘的安装应符合下列要求：

1 生产车间的配电箱、盘应是金属框架结构；

2 有防尘防水要求的电气设施设备应按设计要求安装施工；

3 箱体及箱内电器应安装牢固，导线应连线正确，并应压接牢固可靠，箱门与箱内间的可动部位电线，应用多股双色铜芯软线连接；

4 箱体内、外部应干净整洁，并应标识明显。

3.2.22 有爆炸性粉尘场所的动力、照明设施及管路敷设，应按现行国家标准《爆炸危险环境电力装置设计规范》GB 50058 的有关规定执行。

3.3 安全、清洁部分

3.3.1 用户应在安装现场放置符合规定的灭火器材和安全防护设施。

3.3.2 设备产品的安全应符合现行国家标准《纺织机械 安全要求》GB/T 17780 的有关规定。

3.3.3 安装人员应及时向主管负责人报告现场发生的事故，并应协助做好善后工作。

3.3.4 吸尘风口、吸尘风道的安装位置应符合相关技术文件的规定。

3.3.5 吸尘风管应连接紧密。

3.3.6 安装场地、机台主要零部件应清洁，安装完毕后，安装场地应清扫。

4 制丝主要设备安装

4.1 茧检定机

4.1.1 机架部分安装的允许偏差应符合表4.1.1的规定。

表4.1.1 机架部分安装的允许偏差

项次	检验项目		允许偏差	检验方法
1	下墙板	中心线与全机基准线对称度	0～0.5mm	吊线锤，先找准首末两块下墙板中心，对准全机基准线，再用拉钢丝法检查其余下墙板
2		横向水平度	0～0.08/1000	用平尺副检查
3		纵向水平度	0～0.03/1000	
4		间距	±1mm	用定位规或钢直尺检查
5		对角线长度		
6		首、尾两墙板间距	±1.5mm	按下墙板实测间距累积计算
7	中墙板	中心线与全机基准线对称度	0～0.5mm	吊线锤，先找准首末两块中墙板中心，对准全机基准线，再用拉钢丝法检查其余中墙板
8		横向水平度	0～0.08/1000	用平尺副检查
9		纵向水平度	0～0.03/1000	
10		间距	±1mm	用定位规或钢直尺检查
11	上墙板	中心线与全机基准线对称度	0～0.5mm	吊线锤，先找准首末两块上墙板中心，对准全机基准线，再用拉钢丝法检查其余上墙板
12		间距	±1mm	用定位规或钢直尺检查

续表 4.1.1

项次	检验项目	允许偏差	检验方法
13	左侧辅助墙板顶面水平度	0～0.15/1000	用水平仪检查
14	主电动机底座水平度	0～0.15/1000	用水平仪检查
15	小篗电动机底座水平度	0～0.15/1000	用水平仪检查

4.1.2 传动部分安装的允许偏差应符合表 4.1.2 的规定。

表 4.1.2 传动部分安装的允许偏差

<table>
<tr><th>项次</th><th colspan="2">检验项目</th><th>允许偏差</th><th>检验方法</th></tr>
<tr><td>1</td><td colspan="2">接绪传动主轴、探索传动主轴与全机基准线对称度</td><td>0～1mm</td><td>轴上吊线锤，测其与中心线之差</td></tr>
<tr><td>2</td><td rowspan="2">接绪传动主轴、探索传动主轴、小篗传动主轴</td><td>水平度</td><td>0～0.04/1000</td><td>用水平仪检查</td></tr>
<tr><td>3</td><td>径向圆跳动</td><td>0～0.3mm</td><td>用百分表检查</td></tr>
</table>

4.1.3 感知器部分安装的允许偏差应符合表 4.1.3 的规定。

表 4.1.3 感知器部分安装的允许偏差

项次	检验项目	允许偏差	检验方法
1	隔距垫片厚度	±0.001mm	用杠杆微米千分尺检查
2	心轴总长度	－0.2mm～0	用游标卡尺检查
3	细限感知杆与心轴中心距	±0.02mm	用专用工具检查
4	调节棒与心轴中心距	±0.05mm	用专用工具检查
5	质量	±0.2g	用电子天平称重检查

4.1.4 感知器在框内游隙应为 0.5mm～0.7mm，且感知器在框内应保持水平。

4.1.5 感知器安装应符合相应技术文件的要求。

4.1.6 调节链条的链节长度和重量应符合工艺要求。

4.1.7 调节链条在杠杆水平时，链条下垂的长度应一致。

4.1.8 小筬轴上机后的径向跳动应为0～0.6mm。

4.1.9 定位鼓轮、感知器、探索鼓轮三者的中心应成一直线且在同一铅垂面上。

4.1.10 下鼓轮、瓷眼、接绪器芯孔三者应成一直线且在同一铅垂面上。

4.2 剥 茧 机

4.2.1 剥茧机安装的允许偏差应符合表4.2.1的规定。

表4.2.1 剥茧机安装的允许偏差

项次	检验项目	允许偏差	检验方法
1	上墙板水平度	0～0.08/1000	用平尺副检查
2	下墙板水平度	0～0.08/1000	用平尺副检查
3	刮刀与水平面呈60°	±1°	用角度尺检查
4	刮刀与剥茧主轴距离0.1mm	−0.05mm～0.1mm	用游标卡尺检查
5	防瘪茧钢丝与剥茧带距离1mm	0～0.5mm	用钢直尺检查
6	吸尘口在剥茧口上方200mm	±2mm	用钢直尺检查

4.2.2 机架安装地面应平整，放置应稳固。

4.2.3 铺茧辊慢速运转应稳定，不应有打顿现象。

4.2.4 毛茧输送带应居中，不应擦边。

4.2.5 剥茧主轴压紧装置调节应方便，压簧应有效。

4.2.6 剥茧带上轴、压辊、导辊和张紧辊转动应灵活。

4.2.7 剥茧主轴与上轴应紧密接触，两边压簧压力应均匀。

4.2.8 防瘪茧钢丝与剥茧主轴的距离应为1mm。

4.2.9 刮刀安装应平直。

4.2.10 防瘪茧钢丝应平直。

4.2.11 剥茧口两边大小应一致。

4.3 选 茧 机

4.3.1 选茧机安装应平整。

4.3.2 选茧传送带运行应平稳、不打顿、不跑偏。

4.3.3 选茧传送带张紧装置调节应方便，转动应灵活。

4.3.4 各传动辊、导辊、张紧辊转动应灵活。

4.3.5 灯光选茧台配置灯光应根据选茧台的长度和宽度确定日光灯的瓦数和支数。

4.4 煮 茧 机

4.4.1 机架部分安装的允许偏差应符合表4.4.1的规定。

表4.4.1 机架部分安装的允许偏差

项次	检验项目	允许偏差(mm)	检验方法
1	槽钢立柱垂直度	0～1	吊线锤，用钢直尺检查
2	槽体两端水平度	0～5	用平尺和水平尺检查

4.4.2 槽体焊接处应光整、无渗漏，不应有明显疤痕。

4.4.3 传动部分、轨道安装的允许偏差应符合表4.4.3的规定。

表4.4.3 传动部分、轨道安装的允许偏差

项次	检验项目	允许偏差	检验方法
1	传动轴水平度	0～0.1/1000	用水平仪检查
2	轨道两侧对称点高度	0～2mm	用钢直尺检查
3	轨道间距	±3mm	用钢直尺检查
4	茧笼传动链每4节长度	±0.3mm	用游标卡尺检查
5	高温部喷射管水平度	0～0.3/1000	用水平仪检查

4.4.4 轨道接头处应平齐光滑，接头螺栓安装应正确，过桥中轨道坡度安装应准确。

4.4.5 真空渗透桶桶体外壁铅垂度偏差应为0～3mm。

4.4.6 真空渗透系统密封性应良好。

4.4.7 操作平台安装应符合现行国家标准《纺织工业企业职业安全卫生设计规范》GB 50477 的有关规定。

4.4.8 桶汤自动补水装置应符合工艺和技术要求。

4.5 全自动真空动态触蒸机

4.5.1 全自动真空动态触蒸机两桶体外壁的铅垂度应为0～3mm。

4.5.2 真空系统应符合工艺要求。

4.5.3 开盖装置的螺杆转动应灵活，开盖应平稳，不应有卡、轧现象。

4.6 自动缫丝机

4.6.1 机架部分安装的允许偏差应符合表 4.6.1 的规定。

表 4.6.1 机架部分安装的允许偏差

<table>
<tr><th>项次</th><th colspan="2">检验项目</th><th>允许偏差</th><th>检验方法</th></tr>
<tr><td>1</td><td rowspan="8">下墙板</td><td>中心线与全机基准线对称度</td><td>0～0.5mm</td><td>吊线锤，先找准首末两块下墙板中心，对准全机基准线，在下墙板左右凹台处拉两根钢丝，检查其余下墙板</td></tr>
<tr><td>2</td><td>基准下墙板横向水平度</td><td>0～0.02/1000</td><td>选取最中间的一块下墙板为基准墙板，用平尺副检查</td></tr>
<tr><td>3</td><td>纵向水平度</td><td>0～0.08/1000</td><td rowspan="2">自基准墙板向络绞侧和原动侧逐道采用波浪式校平法，用平尺副检查</td></tr>
<tr><td>4</td><td>横向水平度</td><td>0～0.05/1000</td></tr>
<tr><td>5</td><td>间距</td><td rowspan="2">±1mm</td><td rowspan="2">用定位规或钢直尺检查</td></tr>
<tr><td>6</td><td>对角线长度</td></tr>
<tr><td>7</td><td>转向部墙板横向水平度</td><td>0～0.02/1000</td><td>用平尺副检查</td></tr>
<tr><td>8</td><td>首、尾墙板距离</td><td>0～3mm</td><td>按下墙板实测间距累积计算</td></tr>
</table>

续表 4.6.1

项次	检验项目		允许偏差	检验方法
9	中墙板	中心线与全机基准线对称度	0～0.5mm	吊线锤，先找准首末两块中墙板中心，对准全机基准线，再用拉钢丝法检查其余中墙板
10		纵向水平度	0～0.08/1000	用平尺副检查
11		横向水平度	0～0.05 /1000	
12		间距	±1mm	用定位规或钢直尺检查
13	上墙板	中心线与全机基准线对称度	0～0.5mm	吊线锤，先找准首末两块上墙板中心，对准全机基准线，再用拉钢丝法检查其余上墙板
14		间距	±1mm	用定位规或钢卷尺检查
15	主传动箱墙板	顶面水平度	0～0.15/1000	用水平仪检查
16	络绞箱墙板	顶面水平度	0～0.15/1000	用水平仪检查
17	索理绪传动箱座	水平度	0～0.15/1000	用水平仪检查

4.6.2 下墙板初平后，各基墩的地脚螺栓应灌浆，保养期满后应再精平。

4.6.3 索绪中心距下墙板中心的径向间距、距转向部墙板中心轴向间距，应符合技术文件的要求。

4.6.4 分离装置和输送带安装应符合技术文件的要求。

4.6.5 索理绪机和新茧补充装置及分离装置按规定安装后，应对墙板地脚螺栓进行灌浆，且应在保养期满后紧固地脚螺栓和连接角铁。

4.6.6 传动部分安装的允许偏差应符合表 4.6.6 的规定。

表 4.6.6 传动部分安装的允许偏差

项次	检验项目		允许偏差	检验方法
1	主轴	主轴中心线与基准线对称度	0～1mm	轴上吊线锤，测两中心线之差
2		水平度	0～0.04/1000	用水平仪检查
3		径向圆跳动	0～0.3mm	用百分表检查
4	转向部大链轮水平度		0～0.3/1000	用水平仪检查
5	小篗传动箱间距		±1mm	用钢直尺检查
6	给茧机后导轮导轨与基准线平行度		0～1.5mm	采用拉线法，用钢直尺检查
7	给茧机齿条连接处齿距		0～0.1mm	用塞尺检查

4.6.7 给茧机转向部托架前端加工面应高于后端加工面 0.5mm。

4.6.8 给茧机导轨连接处应平齐。

4.6.9 小篗传动箱搁小篗轴处与中间搁脚处应水平。

4.6.10 接绪齿轮箱上接绪槽轮应保持水平。

4.6.11 给茧机、捕集器驱动板与其对应的传动链连接应牢固，保险片插入方向应一致，且开口方向应沿逆运转方向。

4.6.12 缫丝部分安装的允许偏差应符合表 4.6.12 的规定。

表 4.6.12 缫丝部分安装的允许偏差

项次	检验项目		允许偏差	检验方法
1	感知器	隔距垫片厚度	±0.001mm	用杠杆微米千分尺检查
2		心轴总长度	−0.2mm～0	用游标卡尺检查
3		细限感知杆与心轴中心距	±0.02mm	用专用工具检查
4		调节棒与心轴中心距	±0.05mm	用专用工具检查
5		质量	±0.2g	用电子天平称重检查
6	给茧机捞茧爪备茧位置露出前振动板		±0.5mm	用给茧机校验台检查

续表 4.6.12

项次	检验项目	允许偏差	检验方法
7	探索凸轮安装间距	±0.2mm	用卡板检查
8	探索凸轮轴径向跳动	0.15mm	在探索凸轮轴两头200mm处，用百分表检查
9	添绪杆与给茧机感受杆配合距离	±1mm	用钢直尺检查
10	添绪杆与给茧机感受杆接触长度	±1.5mm	用钢直尺检查
11	添绪杆下降到最低位置时上拉杆和下拉杆间隙	±0.2mm	用塞尺检查
12	丝故障刹车轮杆结合件与可调定位板间隙	±0.25mm	用塞尺检查
13	停簸时丝故障切断防止杆有效位移（上抬量）	±2.5mm	用钢直尺检查
14	接绪翼座与角铁的进出位置	±1mm	用专用卡板检查
15	接绪翼转速	±50r/min	用测速仪检查
16	小簸转速	±3%	用测速仪检查
17	小簸轴径向跳动	0～0.6mm	用百分表检查
18	缫丝槽水平	0～3mm	放水，用钢直尺检查

4.6.13 感知器安装在框内的游隙应为0.5mm～0.7mm，且感知器在框内应保持水平。

4.6.14 给茧机原动齿轮与齿条啮合量应为70%～100%。

4.6.15 探索凸轮在第一探索位时，探索片缺口与感知器结合件缺口直边应对齐或凸出1mm。

4.6.16 感知器安装应符合相应技术文件的要求。

4.6.17 组装后的给茧机应经校验台校正检查，且应符合下列要求：

1 捞茧轴的三个支承孔应在同一中心；

2 捞茧传动圆锥齿轮啮合应良好。

4.6.18 探索添绪凸轮的安装应符合下列要求：

1 位置角安装应统一确定每只凸轮的安装基准，且凸轮间距应相差100mm，当无导轮时，角度应相差120°，当有导轮时，角度应相差90°，第10只和第11只凸轮间距应相差130mm，当无导轮时，角度应相差156°，当有导轮时，角度应相差117°；

2 探索添绪凸轮安装校正后应用紧固螺钉紧固。

4.6.19 上、下定位鼓轮与感知器三者中心应成一直线，且应在同一铅垂面上。

4.6.20 调节链条的链节长度和重量应符合工艺要求。

4.6.21 调节链条在杠杆水平时，链条下垂的长度应一致。

4.6.22 直线部导轨、齿轮角铁与接绪翼座应符合卡板的要求。

4.6.23 下鼓轮、集绪器、接绪翼芯孔三者中心应成一直线，且应在同一铅垂面上。

4.6.24 接绪翼槽与接绪带槽轮应在同一平面。

4.7 小篗真空给湿机

4.7.1 真空给湿桶桶体外壁的铅垂度应为0～3mm。

4.7.2 螺杆式自动开盖机构应开盖平稳，不应有卡、轧现象。

4.7.3 上限位行程开关的安装位置应处于吊盖升到最高位置与桶体法兰口水平的位置。

4.7.4 下限位行程开关的安装位置应处于桶盖与桶体刚吻合密封不漏气的位置，缓冲弹簧应处于被压缩位置。

4.7.5 电磁阀控制杠杆应动作灵活，各连接销应可靠，调节螺丝调节应方便。

4.7.6 电磁铁的铁心行程值应小于25mm。

4.7.7 真空系统应符合工艺要求。

4.8 复 摇 机

4.8.1 机架部分安装的允许偏差应符合表 4.8.1 的规定。

表 4.8.1 机架部分安装的允许偏差

项次	检验项目	允许偏差	检验方法
1	机架水平度	0～0.1/1000	采用波浪式校平法,用平尺副检查
2	机架中心线与基准线对称度	0～1mm	机架两侧面拉线,用钢直尺检查
3	相邻机架间距	±1mm	用定位规或钢直尺检查
4	对角线距离	±1.5mm	用定位规或钢直尺检查
5	首尾机架距离	±2mm	用定位规或钢直尺检查

4.8.2 机架校平后,各机架的地脚螺栓在灌浆时应垂直。

4.8.3 传动部分安装的允许偏差应符合表 4.8.3 的规定。

表 4.8.3 传动部分安装的允许偏差

项次	检验项目	允许偏差	检验方法
1	长轴水平度	0～0.1/1000	用水平仪检查
2	长轴径向圆跳动	0～0.5mm	用百分表检查
3	大擦轮端面跳动	0～3mm	用百分表检查
4	大擦轮径向圆跳动	0～0.3mm	用百分表检查
5	车头主轴径向圆跳动	0～0.05mm	用百分表检查
6	主轴与齿轮箱主轴同轴度	0～φ0.05mm	用百分表检查

4.8.4 左右托叉安装时,应使大簑重心位置偏向托叉端槽闭合侧。

4.8.5 复摇部分安装的允许偏差应符合表 4.8.5 的规定。

表 4.8.5 复摇部分安装的允许偏差

项次	检验项目	允许偏差(mm)	检验方法
1	移丝杆轴向窜动	0～3	偏心盘不动,将移丝杆轴向往复牵动,用钢直尺检查
2	大簑活络档径向窜动	0～5	抽查 5 只,将活络档拉出后,径向往复牵引,用钢直尺检查
3	大簑开口轴承与轴间隙	0～2	抽查 20 窗,用塞尺检查

4.8.6 大篗应符合工艺要求。

4.8.7 络绞钩、导丝圈、玻璃棒表面应光滑。

4.8.8 偏心盘托架安装应牢固。

4.8.9 浸水架应平直，各窗高度应一致，升降应灵活、平稳。

4.8.10 活动保温盖板开、关应灵活，不应有卡、轧现象。

4.8.11 络绞行程应为75mm±3mm。

4.9 小篗络筒机

4.9.1 机架部分安装的允许偏差应符合表4.9.1的规定。

表4.9.1 机架部分安装的允许偏差

项次	检验项目	允许偏差	检验方法
1	机架纵、横向水平度	0～0.05/1000	用平尺副检查
2	机架离地高度	±2mm	用钢直尺检查
3	相邻机架间距	±1mm	用定位规或钢直尺检查

4.9.2 安装地面应平整。

4.9.3 整机安装时应按车头、中间、车尾三种标记顺序安装。

4.9.4 各机架脚通过调节应与地面紧密接触。

4.9.5 锭箱部分安装的允许偏差应符合表4.9.5的规定。

表4.9.5 锭箱部分安装的允许偏差

项次	检验项目	允许偏差(mm)	检验方法
1	锭轴轴向游隙	0.01～0.1	用塞尺检查
2	凸轮轴轴向游隙	0.01～0.1	用塞尺检查

4.9.6 成形摇架部分安装的技术要求应符合表4.9.6的规定。

表4.9.6 成形摇架部分安装的技术要求

项次	检验项目	技术要求(mm)	检验方法
1	压辊与筒管间隙	0.1	在空管时用塞尺检查
2	成形摇架轴向游隙	0.1	用塞尺检查
3	差微凸轮最小半径时与差微摆杆滚轮间隙	1	用塞尺检查

4.9.7 压辊表面应光滑、无瑕疵。

4.9.8 成形摇架在摇轴上连接应牢固,摆动应灵活。

4.9.9 成形摇架内各活动件的连接应可靠。

4.9.10 差微机构与成形摇板导向杆的接触位置应正确,移动应顺畅。

4.9.11 差微机构的连杆连接应牢固,并应灵活。

4.9.12 差微凸轮与差微摆杆滚轮的接触位置应正确,滚轮转动应灵活。

4.9.13 差微机构中的各铰接销应牢固、灵活。

4.9.14 筒子承压力装置的摆杆与摇轴连接应牢固,随摇轴摆动应灵活。

4.9.15 承压力调节板应按空管时作为起始位置安装,且摆臂位置应在水平线上方。

4.9.16 承压力装置的起始卷绕压力应为 19.6N,应用弹簧秤拉动摇架增减重锤获得。

4.9.17 承压力装置的各活动件连接应可靠,并应活络。

4.9.18 张力递减装置的张力调节杆与承压力调节板连接应灵活。

4.9.19 门栅式张力装置安装应牢固。

5 绢纺主要设备安装

5.1 脱水机、烘燥机和抖绵机

5.1.1 绢纺的脱水机、烘燥机的技术要求，应符合现行国家标准《麻纺织设备工程安装与质量验收规范》GB/T 50638 的有关规定。

5.1.2 抖绵机的技术要求除应符合现行国家标准《麻纺织设备工程安装与质量验收规范》GB/T 50638 的有关规定外，传动、工作部分安装的允许偏差还应符合表 5.1.2 的规定。

表 5.1.2 传动、工作部分安装的允许偏差

项次	检验项目	允许偏差(mm)	检验方法
1	摆动轴轴向游隙	0.01～0.05	用塞尺检查
2	皮带传动轴轴向游隙	0.01～0.05	用塞尺检查

5.2 除 蛹 机

5.2.1 机架部分安装的允许偏差应符合表 5.2.1 的规定。

表 5.2.1 机架部分安装的允许偏差

项次	检验项目	允许偏差	检验方法
1	机架对角线	±1mm	用钢直尺检查
2	机架纵、横向水平度	0～0.10/1000	用平尺副检查
3	机架对角水平度	0～0.10/1000	用平尺副检查
4	整体机架垂直度	0～0.10mm	用框式水平仪检查

5.2.2 梳理部分安装的允许偏差应符合表 5.2.2 的规定。

表 5.2.2 梳理部分安装的允许偏差

项次	检验项目	允许偏差(mm)	检验方法
1	梳辊轴径向圆跳动	0～0.15	用百分表检查
2	梳辊端面与墙板间隙	±1.0	用钢直尺检查
3	针排开档	±1.0	用专用卡板、塞尺检查
4	上、下针排间距	±1.0	用钢直尺检查

5.2.3 喂入部分安装的允许偏差应符合表 5.2.3 的规定。

表 5.2.3 喂入部分安装的允许偏差

项次	检验项目	允许偏差(mm)	检验方法
1	下沟槽罗拉与梳辊间距	±1.00	在下沟槽罗拉滑槽内侧拉线用钢直尺检查
2	下沟槽罗拉水平度	0～0.10	用水平仪检查

5.2.4 上沟槽罗拉在罗拉支架内滑动应灵活,两端面加压应均匀。

5.2.5 输绵帘转动轴转动应灵活,左右张力应均匀。

5.2.6 帘套转动应平稳。

5.3 自动开茧机

5.3.1 机架部分安装的允许偏差应符合表 5.3.1 的规定。

表 5.3.1 机架部分安装的允许偏差

项次	检验项目	允许偏差	检验方法
1	机架中心线与全机基准线对称度	0～1.0mm	吊线锤,用钢直尺检查
2	机架纵、横向水平度	0～0.05/1000	用平尺副检查
3	机架平行度	0～0.20mm	用定位规、塞尺检查

5.3.2 梳理部分安装的允许偏差应符合表 5.3.2 的规定。

表 5.3.2 梳理部分安装的允许偏差

项次	检 验 项 目	允许偏差(mm)	检 验 方 法
1	开绵辊径向圆跳动	0～0.10	用百分表检查
2	开绵辊端面与墙板距离	±1.0	用钢直尺左右同时测量检查
3	托绵辊与开绵辊间隙	±0.30	用塞尺检查
4	牵伸辊径向圆跳动	0～0.10	用百分表检查
5	牵伸辊端面与墙板距离	±1.0	用钢直尺左右同时测量检查
6	牵伸辊与工作辊、清洁辊间隙	±0.10	用塞尺检查
7	工作辊与清洁辊间隙	±0.15	用塞尺检查
8	转移辊径向圆跳动	±0.10	用百分表检查
9	转移辊端面与墙板距离	±1.0	用钢直尺左右同时测量检查
10	锡林径向圆跳动	0～0.10	用百分表检查
11	锡林与墙板前端面距离	±0.5	用钢直尺检查
12	锡林端面与墙板距离	±1.0	用钢直尺左右同时测量检查
13	开绵辊、牵伸辊、转移辊、锡林间隙	±0.05	用塞尺检查
14	锡林与工作辊、清洁辊间隙	±0.10	用塞尺检查

5.3.3 针布应紧贴辊筒外圆。

5.3.4 针布包卷应张力均匀,末端处针布应无松动。

5.3.5 喂入部分安装的允许偏差应符合表 5.3.5 的规定。

表 5.3.5 喂入部分安装的允许偏差

项次	检 验 项 目	允许偏差(mm)	检 验 方 法
1	进绵罗拉径向圆跳动	0～0.10	用百分表检查
2	上、下进绵罗拉间隙	±0.15	用塞尺检查
3	喂入帘子转动轴水平度	0～0.10	用水平仪检查

5.3.6 上进绵罗拉在罗拉支架内滑动应灵活,两端加压应均匀

一致。

5.3.7 输绵帘应张力良好,并应运行平稳。

5.3.8 剥绵、出绵部分安装的允许偏差应符合表5.3.8的规定。

表5.3.8 剥绵、出绵部分安装的允许偏差

项次	检验项目	允许偏差	检验方法
1	机架水平度	0~1/1000	用水平尺检查
2	剥取罗拉径向圆跳动	0~0.10mm	用百分表检查
3	出绵输送皮板传动罗拉水平度	0~1/1000	用水平尺检查
4	出绵输送皮板传动罗拉与锡林间距	±0.10mm	用定位规、塞尺检查

5.3.9 上、下皮板应张力适当、运行平稳、互相贴平。

5.3.10 剥取罗拉在罗拉滑槽内滑动应灵活,工作时两端应平行且同时与锡林接触。

5.4 混 绵 机

5.4.1 机架部分安装的允许偏差应符合表5.4.1的规定。

表5.4.1 机架部分安装的允许偏差

项次	检验项目	允许偏差	检验方法
1	机架中心线与全机基准线对称度	0~1.0mm	吊线锤,用钢直尺检查
2	机架纵、横向水平度	0~0.10/1000	用平尺副检查

5.4.2 喂入、梳理部分安装的允许偏差应符合表5.4.2的规定。

表5.4.2 喂入、梳理部分安装的允许偏差

项次	检验项目	允许偏差	检验方法
1	进绵罗拉径向圆跳动	0~0.10mm	用百分表检查
2	喂入帘子转动轴水平度	0~0.10/1000	用水平仪检查
3	锡林与墙板前端面距离	±1.0mm	用钢直尺检查

续表 5.4.2

项次	检验项目	允许偏差	检验方法
4	锡林径向圆跳动	0～0.50mm	用百分表检查
5	锡林两端面与墙板距离	±0.5mm	用钢直尺左右同时检查
6	锡林与持绵刀间距	±0.15mm	用隔距板、塞尺检查
7	沟槽罗拉与尘笼间距	±0.10mm	用隔距板、塞尺检查
8	尘笼径向圆跳动	0～0.50mm	用百分表检查
9	沟槽罗拉径向圆跳动	0～0.10mm	用百分表检查
10	出绵帘转动轴水平度	0～0.10/1000	用水平仪检查

5.4.3 进、出绵帘左右张力应均匀，运行应平稳。

5.4.4 上进绵罗拉在罗拉支架内滑动应灵活，两端加压应均匀一致。

5.4.5 托绵辊运转应灵活。

5.4.6 角钉帘应紧贴辊筒外圆，拼合应整齐、平整，不应有缺针现象。

5.5 梳 绵 机

5.5.1 机架部分安装的允许偏差应符合表5.5.1的规定。

表 5.5.1 机架部分安装的允许偏差

项次	检验项目		允许偏差	检验方法
1	机架中心线与全机基准线对称度		0～1.0mm	吊线锤，用钢直尺检查
2	锡林轴向中心线与锡林基准线对称度		0～0.5mm	吊线锤，用钢直尺检查
3	机架水平度	横向	0～0.03/1000	用平尺副检查
4		纵向	0～0.05/1000	用平尺副检查
5	左右墙板平行度		±0.20mm	用定位规、塞尺检查
6	锡林端面与墙板距离		±0.10mm	用专用工具、塞尺检查

5.5.2 电动机一侧的锡林轴承座刻线应与墙板刻线对正。

5.5.3 磨滚筒部分安装的允许偏差应符合表 5.5.3 的规定。

表 5.5.3 磨滚筒部分安装的允许偏差

项次	检验项目		允许偏差(mm)	检验方法
1	锡林、道夫径向圆跳动		0～0.05	用百分表检查
2	锡林、道夫外圆母线直线度		±0.05	用水平尺、塞尺检查
3	锡林、道夫斜磨	斜磨宽度	0～5.0	用钢直尺检查
4		斜磨深度	±0.05	用水平尺、塞尺检查

5.5.4 包针布部分安装的允许偏差应符合表 5.5.4 的规定。

表 5.5.4 包针布部分安装的允许偏差

项次	检验项目		允许偏差(mm)	检验方法
1	边条槽离边距离		±0.25	用游标卡尺检查
2	边条槽深度		±0.05	用游标卡尺或专用百分表检查
3	边条槽宽度		－0.03～0	用专用工具检查
4	边条高度差		±0.10	用游标卡尺检查
5	接头处针布外圆基部与滚筒外圆之间的间隙		±0.05	用塞尺检查
6	针面	直线度	±0.05	用直尺、塞尺检查
7		径向圆跳动	0～0.05	用百分表检查

5.5.5 边条槽内侧面与锡林相对位置应垂直。

5.5.6 针布包卷安装应符合工艺要求。

5.5.7 梳理部分安装的允许偏差应符合表 5.5.7 的规定。

表 5.5.7 梳理部分安装的允许偏差

项次	检验项目	允许偏差(mm)	检验方法
1	锡林墙板定位螺栓顶部与墙板托脚间隙	±0.05	用塞尺检查

续表 5.5.7

项次	检验项目		允许偏差(mm)	检验方法
2	锡林与前下罩板间隙		±0.05	用塞尺检查
3	锡林与前上罩板间隙		−0.05～0.10	用塞尺检查
4	大漏底内弧面母线圆度		±0.80	用圆弧样板、塞尺检查
5	大漏底内弧面母线的直线度	与锡林对应工作面	0～0.25	用钢直尺、塞尺检查
6		与刺辊对应工作面	0～0.30	用钢直尺、塞尺检查
7		其他部分	0～0.40	用钢直尺、塞尺检查
8	大漏底与锡林隔距	前	−0.05～0.25	用隔距片、塞尺检查
9		中	−0.05～0.13	用隔距片、塞尺检查
10		后	−0.05～0.08	用隔距片、塞尺检查
11	锡林与工作辊隔距		−0.05～0.10	用隔距片检查
12	锡林与剥绵辊隔距		−0.05～0.10	用隔距片检查
13	工作辊与剥绵辊隔距		−0.05～0.10	用隔距片检查

5.5.8 锡林墙板对法线应正确。

5.5.9 针门与罩板应密接、平齐。

5.5.10 剥绵、成条部分安装的允许偏差应符合表 5.5.10 的规定。

表 5.5.10 剥绵、成条部分安装的允许偏差

项次	检验项目		允许偏差(mm)	检验方法
1	上、下轧压辊间隙		±0.04	用塞尺检查
2	圈条底盘纵、横向水平度		0～0.30	用水平仪、塞尺检查
3	锡林与道夫隔距	大面积	0～0.05	用隔距片检查
4		个别低凹处	0～0.08	用隔距片检查
5	剥绵罗拉辊与道夫隔距		±0.04	用隔距片检查
6	转移罗拉与剥绵罗拉辊隔距		±0.04	用隔距片检查

5.5.11 出条压辊运转应灵活,加压应着实,卸压应灵活。

5.5.12 出条压辊左右压力应均匀一致。

5.5.13 道夫针布及各罗拉针布针尖应锋利,不应倒伏、挂花。

5.5.14 喂绵部分安装的允许偏差应符合表5.5.14的规定。

表5.5.14 喂绵部分安装的允许偏差

项次	检验项目	允许偏差(mm)	检验方法
1	上、下刺辊与分梳辊隔距	−0.10~0.20	用隔距片、塞尺检查
2	分梳辊与分梳转移辊隔距	±0.10	用隔距片、塞尺检查
3	分梳转移辊与锡林隔距	±0.10	用隔距片、塞尺检查

5.5.15 沟槽罗拉加压应均匀一致。

5.5.16 上沟槽罗拉在罗拉支架内的滑动应灵活。

5.5.17 毛刷与上刺辊、分梳辊应同时接触。

5.6 高速针梳机

5.6.1 车面部分安装的允许偏差应符合表5.6.1的规定。

表5.6.1 车面部分安装的允许偏差

项次	检验项目	允许偏差	检验方法
1	车面纵向水平度	0~0.06/1000	用水平仪检查
2	车面横向水平度	0~0.05/1000	用水平仪检查

5.6.2 端面接头应平齐。

5.6.3 喂入部分安装的允许偏差应符合表5.6.3的规定。

表5.6.3 喂入部分安装的允许偏差

项次	检验项目	允许偏差(mm)	检验方法
1	导条罗拉与导条辊中心距	±1.0	用钢直尺检查
2	喂入罗拉径向圆跳动	0~0.03	用百分表检查

5.6.4 导条压辊与导条辊接触应良好。

5.6.5 导条叉与导条压辊中心应正对。

5.6.6 导条压辊托脚摇动应灵活。

5.6.7 输出部分安装的允许偏差应符合表5.6.7的规定。

表5.6.7 输出部分安装的允许偏差

项次	检验项目		允许偏差(mm)	检验方法
1	牵伸罗拉、出条罗拉径向圆跳动		0～0.05	用百分表检查
2	牵伸罗拉轴向水平度		0～0.05	用水平仪检查
3	圈条底座纵、横向水平度		0～0.08	用水平仪检查
4	圈条罗拉	径向圆跳动	0～0.04	用百分表检查
		罗拉间隙	0～0.04	用塞尺检查

5.7 精 梳 机

5.7.1 机架部分安装的允许偏差应符合表5.7.1的规定。

表5.7.1 机架部分安装的允许偏差

项次	检验项目	允许偏差	检验方法
1	底座中心线与基准线对称度	0～1.00mm	吊线锤,用钢直尺检查
2	底座纵、横向水平度	0～0.05/1000	用平尺副检查
3	主轴水平度	0～0.05/1000	用水平仪检查

5.7.2 梳理、拔取部分安装的允许偏差应符合表5.7.2的规定。

表5.7.2 梳理、拔取部分安装的允许偏差

项次	检验项目	允许偏差(mm)	检验方法
1	锡林轴径向圆跳动	0～0.05	用百分表检查
2	九号凸轮与右墙板外侧间隙	±0.08	用塞尺检查
3	凸轮与转子端面平齐度	±1	用钢直尺检查
4	皮板传动轴相互平行度	0～0.05	用定位规、塞尺检查
5	钳板与锡林隔距	0.10～0.20	用隔距片、塞尺检查
6	钳板与上、下拔取罗拉中心隔距	±0.50	用隔距片、塞尺检查

5.7.3 上钳板与下钳板啮合时接触面应为85%～100%。

5.7.4 凸轮与转子接触应良好。

5.7.5 摇架牵手转动应灵活。

5.7.6 上、下拔取罗拉应左、右压力一致。

5.7.7 上、下断刀安装应准确。

5.7.8 铲板与钳口位置应准确，铲板与钳板进出应平齐。

5.7.9 摇架摆动应灵活、平稳。

5.7.10 成条部分安装的允许偏差应符合表5.7.10的规定。

表5.7.10 成条部分安装的允许偏差

项次	检验项目	允许偏差(mm)	检验方法
1	圈条底座纵、横水平度	0～0.25	用水平仪检查
2	出条罗拉径向圆跳动	0～0.04	用百分表检查

5.7.11 出条喇叭与圈条的位置安装应准确。

5.7.12 出条罗拉左右压力应均匀。

5.7.13 喂入部分安装的允许偏差应符合表5.7.13的规定。

表5.7.13 喂入部分安装的允许偏差

项次	检验项目	允许偏差(mm)	检验方法
1	喂入罗拉径向圆跳动	0～0.10	用百分表检查
2	喂入罗拉轴向间隙	0～0.50	用塞尺检查

5.8 粗纱机

5.8.1 机架部分安装的允许偏差应符合表5.8.1的规定。

表5.8.1 机架部分安装的允许偏差

<table>
<tr><th>项次</th><th colspan="2">检验项目</th><th>允许偏差</th><th>检验方法</th></tr>
<tr><td>1</td><td rowspan="2">车头墙板滑槽纵、横向</td><td>垂直度</td><td rowspan="2">0～0.05/1000</td><td rowspan="2">用十字水平台、水平仪、塞尺检查上、中、下3点，3点互借</td></tr>
<tr><td>2</td><td>水平度</td></tr>
</table>

续表 5.8.1

<table>
<tr><th>项次</th><th colspan="2">检 验 项 目</th><th>允许偏差</th><th>检 验 方 法</th></tr>
<tr><td>3</td><td colspan="2">车头底板纵、横向水平度</td><td>0～0.05/1000</td><td>用水平仪检查</td></tr>
<tr><td>4</td><td colspan="2">车面头、尾对墙板滑槽进出位置</td><td>±0.08mm</td><td>用定位规、塞尺检查</td></tr>
<tr><td>5</td><td rowspan="2">各车脚滑槽纵、横向</td><td>垂直度</td><td rowspan="2">0～0.05/1000</td><td rowspan="2">用十字水平台、水平仪、塞尺检查上、中、下 3 点，3 点互借</td></tr>
<tr><td>6</td><td>水平度</td></tr>
<tr><td>7</td><td colspan="2">车头墙板与车头外侧线距离</td><td>0～1.0mm</td><td>用钢直尺检查</td></tr>
<tr><td>8</td><td rowspan="4">车面</td><td>前侧面进出位置</td><td>0～0.20mm</td><td>拉线，用定位规、塞尺检查</td></tr>
<tr><td>9</td><td>前侧面与前侧线进出位置</td><td>0～1.00mm</td><td>用钢直尺检查</td></tr>
<tr><td>10</td><td>横向水平度</td><td>0～0.03/1000</td><td rowspan="2">用平尺副检查</td></tr>
<tr><td>11</td><td>纵向水平度</td><td>0～0.04</td></tr>
<tr><td>12</td><td rowspan="3">下龙筋</td><td>下龙筋头、尾对墙板滑槽中心线进出位置</td><td>±0.20mm</td><td>用定位规、塞尺检查</td></tr>
<tr><td>13</td><td>纵向水平度</td><td>0～0.06</td><td rowspan="2">用平尺副检查</td></tr>
<tr><td>14</td><td>横向水平度</td><td>0～0.04/1000</td></tr>
<tr><td>15</td><td colspan="2">车面全长水平度</td><td>0～0.20</td><td>用波浪式校平法计算</td></tr>
</table>

5.8.2 牵伸部分安装的允许偏差应符合表 5.8.2 的规定。

表 5.8.2 牵伸部分安装的允许偏差

项次	检 验 项 目	允许偏差(mm)	检 验 方 法
1	前罗拉进出位置	±0.10	拉线，用定位规、塞尺检查
2	前罗拉径向圆跳动	0～0.08	用百分表检查
3	罗拉座间隔距	±0.10	用定位规、塞尺检查
4	罗拉座与前罗拉垂直度	0～0.04	用角尺、塞尺检查
5	摇架支杆与前罗拉隔距	±0.10	用定位规、塞尺检查
6	弧形板位置前后隔距	±0.07	用定位规、塞尺检查
7	下皮圈横向安装位置	±2.0	用钢直尺检查
8	上皮圈横向安装位置	±2.0	用钢直尺或目视检查

5.8.3 摇架支杆安装应牢固。

5.8.4 下皮圈张力弹簧应有效。

5.8.5 皮圈定位后工作应正常。

5.8.6 摇架安装位置应正确。

5.8.7 导条喇叭口位置应正确。

5.8.8 加捻、卷绕、升降、成形部分安装的允许偏差应符合表5.8.8的规定。

表5.8.8 加捻、卷绕、升降、成形部分安装的允许偏差

项次	检验项目	允许偏差	检验方法
1	升降轴径向圆跳动	0～0.10mm	用百分表检查
2	升降轴水平度	0～0.50/1000	用水平仪检查
3	平衡轴高度	±0.50mm	用定位板、塞尺检查
4	上龙筋纵向水平度	0～0.08mm	用水平仪、塞尺检查
5	上龙筋横向水平度	0.10mm	用水平仪、塞尺检查
6	筒管、锭子转动轴径向圆跳动	0～0.15mm	用百分表检查
7	筒管、锭子转动轴进出位置	±0.50mm	用定位规、塞尺检查
8	锭子进出位置	0～0.50mm	拉线,用塞尺检查
9	主传动轴水平度	0～0.04/1000	用水平仪检查

5.8.9 升降轴、上龙筋接头应平齐。

5.8.10 锭杆与下油杯的相对位置应同轴。

5.8.11 主轴差速装置不应漏(溢)油。

5.8.12 横齿杆往复应灵活。

5.8.13 锭子进出位置应一致。

5.8.14 喂入部分安装的允许偏差应符合表5.8.14的规定。

表 5.8.14 喂入部分安装的允许偏差

项次	检验项目	允许偏差	检验方法
1	喂入罗拉水平度	0～0.10/1000	用水平仪检查
2	喂入罗拉进出位置	±0.20mm	拉线，用定位规、塞尺检查
3	喂入罗拉径向圆跳动	0～0.10mm	用百分表检查

5.9 细 纱 机

5.9.1 机架部分安装的允许偏差应符合表 5.9.1 的规定。

表 5.9.1 机架部分安装的允许偏差

项次	检验项目	允许偏差	检验方法
1	车头墙板垂直度	0～0.05mm	用水平仪检查
2	车头短机梁纵向水平度	0～0.05mm	用水平仪在顶面检查
3	车头短机梁横向水平度	0～0.05mm	用水平仪检查
4	车尾底板水平度	0～0.05mm	用水平仪检查
5	车面横向水平度	0～0.04/1000	用平尺副检查
6	车面纵向斜跨水平度	0～0.06/1000	—
7	龙筋顶面至车面高度	±0.10mm	用定位规、塞尺检查
8	龙筋顶面单根横向水平度	0～0.06mm	用水平仪检查
9	龙筋外侧对立柱边线进出位置	±0.40mm	用梯形定位规、塞尺检查
10	机架中心线与基准墨线对称度	0～1.0mm	吊线锤，用钢直尺检查
11	车面全长水平度	0～0.20mm	用波浪式校平法计算
12	墙板垂直度	0～0.05mm	用水平仪检查

5.9.2 牵伸部分安装的允许偏差应符合表 5.9.2 的规定。

表 5.9.2　牵伸部分安装的允许偏差

项次	检验项目	允许偏差(mm)	检验方法
1	前罗拉进出位置	±0.08	拉进出线,用定位规、塞尺检查
2	前罗拉径向圆跳动	0～0.04	用百分表检查
3	中、后罗拉径向圆跳动	0～0.06	
4	罗拉座间距	±0.10	用定位规、塞尺检查
5	前、中、后罗拉隔距	±0.07	用定位规、塞尺检查
6	摇架支杆与前罗拉隔距	±0.20	用定位规、塞尺检查
7	弧形板位置的前后隔距	±0.07	用定位规靠在前、中罗拉上用塞尺检查
8	下皮圈与罗拉座横向安装位置	±2.0	用钢直尺检查
9	罗拉座与前罗拉垂直度	0～0.04	用角尺、塞尺检查

5.9.3　各列罗拉颈部安装应着实。

5.9.4　摇架支杆安装应牢固。

5.9.5　下皮圈张力弹簧工作应正常。

5.9.6　皮圈定位后工作应正常。

5.9.7　摇架安装位置应准确,状态应良好。

5.9.8　传动部分安装的允许偏差应符合表 5.9.8 的规定。

表 5.9.8　传动部分安装的允许偏差

项次	检验项目	允许偏差	检验方法
1	主轴水平度	0～0.06/1000	用水平仪检查
2	主轴高低、进出距离	±0.05mm	用定位规、塞尺检查
3	主轴径向圆跳动	0～0.10mm	用百分表检查
4	滚盘对锭孔左右距离	±1.00mm	用定位规、隔距片、塞尺检查

5.9.9　主轴转动应灵活。

5.9.10　滚盘与紧定套配合应牢固。

5.9.11 加捻、卷绕、成形部分安装的允许偏差应符合表 5.9.11 的规定。

表 5.9.11 加捻、卷绕、成形部分安装的允许偏差

项次	检验项目	允许偏差(mm)	检验方法
1	钢领板纵向松动幅度	0～0.15	用塞尺检查
2	钢领板横向松动幅度	0～0.10	用塞尺检查
3	钢领板高度	±0.50	用定位规、塞尺检查
4	隔纱板前后、左右倾斜	0～1.50	用定位规、塞尺检查
5	钢丝圈清洁器隔距	0～0.20	用定位规、塞尺检查
6	锭子与钢领中心	0～0.50	用定位规、塞尺检查
7	导纱钩对锭子中心	0～0.50	用吊线锤检查
8	导纱钩高低位置	±0.80	用定位规、塞尺检查
9	锭带张力盘传动轴高低、进出距离	±0.20	用专用工具、塞尺检查
10	锭带盘进出距离	±1.5	用钢直尺检查
11	叶子板角铁进出距离	±0.50	用定位规、塞尺检查
12	牵引扁铁滑轮进出距离	±2	用专用工具检查

5.9.12 钢领板、叶子板升降应平稳。

5.9.13 叶子板工作应灵活，左右不应松动。

5.9.14 锭子定位松紧应适当。

5.9.15 锭钩不应磨锭盘，工作应正常。

5.9.16 锭带张力盘与刻度位置应对准，锭带松紧应适当，且不应打扭，张力盘应位置正确，且转动应灵活。

5.9.17 钢领安装应牢固。

5.9.18 叶子板角铁翻动应灵活，导纱钩不应松动。

5.9.19 钢领板与大羊脚托头四角接触应着实。

5.9.20 纱架部分安装的允许偏差应符合表 5.9.20 的规定。

表 5.9.20 纱架部分安装的允许偏差

项次	检验项目	允许偏差(mm)	检验方法
1	粗纱架中央支柱间距	±2.0	用钢直尺、定规检查
2	粗纱托(吊)锭间距	±3.0	拉线,用钢直尺检查

5.9.21 车顶板、导纱杆应左右、高低一致。

5.9.22 上、下粗纱架与托脚应垂直。

5.9.23 三自动部分技术要求应符合表 5.9.23 的规定。

表 5.9.23 三自动部分技术要求

项次	检验项目	技术要求(mm)	检验方法
1	制动件与制动盘间隙	0.16～0.40	用塞尺检查
2	主轴端面间隙	0.80～1.20	用塞尺检查

5.9.24 离合牙及轴转动应灵活。

5.9.25 压簧、拉簧作用应有效。

5.9.26 三自动安装位置应符合设计文件要求。

5.10 自动络筒机

5.10.1 机架部分安装的允许偏差应符合表 5.10.1 的规定。

表 5.10.1 机架部分安装的允许偏差

项次	检验项目	允许偏差	检验方法
1	机架直线度	0～0.30mm	用钢直尺、塞尺检查
2	机架垂直度	0～0.30/1000	用水平仪检查
3	车架水平度	0～0.30/1000	用水平仪检查
4	吸尘风机导轨连接处间距	0～0.20mm	用塞尺检查
5	吸尘风机导轨支架水平度	0～0.10mm	用水平仪检查

5.10.2 风管吸嘴离地面位置应为 50mm～100mm。

5.10.3 机身部分安装的技术要求应符合表 5.10.3 的规定。

表 5.10.3 机身部分安装的技术要求

项次	检 验 项 目	技术要求(mm)	检 验 方 法
1	单锭气缸断纱抬起时槽筒与纱管间距	6.0～10.0	用钢直尺检查
2	槽筒与纱管小头外边沿间距	1.5	用钢直尺检查
3	槽筒与纱管大头外边沿间距	9.0～11.0	用钢直尺检查
4	槽筒与纱管大端接合间距	4.3～5.0	用钢直尺检查
5	夹纱臂与调节螺栓间距	0.2～0.5	用塞尺检查
6	打结器、传感器与磁钢间距	0.50～0.70	用塞尺检查
7	拔纱杆至瓷眼距离	3.0～5.0	用钢直尺检查

5.10.4 输送带导轨连接处应紧密平齐。

5.10.5 槽筒与纱管小端接触应紧密。

5.11 并 纱 机

5.11.1 机架部分安装的允许偏差应符合表 5.11.1 的规定。

表 5.11.1 机架部分安装的允许偏差

项次	检 验 项 目	允许偏差	检 验 方 法
1	机架铅垂度	0～0.10mm	用水平仪检查
2	机架纵、横向水平度	0～0.10/1000	用平尺副检查
3	机架全长水平度	0～0.20/1000	用水准仪检查
4	机架中心线与基准线对称度	0～1mm	吊线锤,用钢直尺检查

5.11.2 槽筒径向圆跳动应为 0～0.20mm。

5.11.3 筒子架起落应灵活。

5.11.4 下纱架托脚应在同一水平直线上。

5.12 短纤倍捻机

5.12.1 机架部分安装的允许偏差应符合表 5.12.1 的规定。

表 5.12.1　机架部分安装的允许偏差

项次	检验项目	允许偏差	检验方法
1	机架中心线与基准线对称度	0～1.0mm	吊线锤，用钢直尺检查
2	机架垂直度	0～0.10mm	用水平仪检查
3	机架纵、横向水平度	0～0.10/1000	用平尺副检查
4	机架全长水平度	0～0.20/1000	用水准仪检查
5	齿轮箱纵、横向水平度	0～0.05/1000	用平尺副检查
6	龙筋根纵、横向水平度	0～0.10/1000	用平尺副检查
7	摩擦滚筒轴、超喂罗拉轴纵、横向水平度	0～0.10/1000	用平尺副检查
8	车尾安装电机的导轨单根纵向水平度	0～0.30/1000	用平尺副检查
9	车尾安装电机的导轨双根横向水平度	0～0.20/1000	用平尺副检查
10	吸尘风机导轨连接处间距	0～0.2mm	用塞尺检查
11	吸尘风机导轨支架水平度	0～0.10mm	用水平仪检查

5.12.2　机身部分安装的允许偏差应符合表 5.12.2 的规定。

表 5.12.2　机身部分安装的允许偏差

项次	检验项目	允许偏差(mm)	检验方法
1	超喂轴径向圆跳动	0～0.40	用百分表检查
2	摩擦辊轴径向圆跳动	0～0.35	用百分表检查
3	导丝器对锭子中心	0～2.0	吊线锤，用钢直尺检查
4	刹车块与锭脚间距	2.0～3.0	用钢直尺检查
5	导丝头与摩擦筒间距	1.0～2.0	用钢直尺检查

5.12.3　锭子安装应垂直。

5.12.4　下列位置应在同一水平直线上：

1　成型箱输出轴与同侧摩擦辊轴安装孔；

2　超喂轴同侧轴承安装孔；

3　摩擦辊轴同侧轴承安装孔；

4 支承架主轴；

5 同侧导丝杆；

6 刹车踏板。

5.12.5 龙带上下位置应处于锭子带轮的中心位置。

5.12.6 筒子架起落应灵活。

5.12.7 中心导丝器的高度调整应方便可靠。

5.13 烧 毛 机

5.13.1 机架部分安装的允许偏差应符合表5.13.1的规定。

表5.13.1 机架部分安装的允许偏差

项次	检验项目	允许偏差	检验方法
1	车头墙板垂直度	0～0.06mm	用水平仪检查
2	中墙板垂直度	0～0.06mm	用水平仪检查
3	车面纵向斜跨水平度	0～0.04/1000	用平尺副检查
4	车面横向水平度	0～0.04/1000	用平尺副检查
5	机架中心线与基准线对称度	0～1mm	吊线锤，用钢直尺检查
6	车面中心线与基准线对称度	0～1mm	吊线锤，用卡板、钢直尺检查

5.13.2 传动部分安装的允许偏差应符合表5.13.2的规定。

表5.13.2 传动部分安装的允许偏差

项次	检验项目	允许偏差(mm)	检验方法
1	滚筒轴至车面高度	±0.2	用定位规、塞尺检查
2	滚筒轴径向圆跳动	0～0.15	用百分表检查

5.13.3 退绕部分安装的允许偏差应符合表5.13.3的规定。

表5.13.3 退绕部分安装的允许偏差

项次	检验项目	允许偏差(mm)	检验方法
1	插纱锭至车面高度	±0.2	用定位规、塞尺检查
2	横动扁铁至车面高度、进出距离	±0.5	用定位规、塞尺检查
3	插纱锭与导纱钩对齐	0～2.0	吊线锤，用钢直尺检查

续表 5.13.3

项次	检 验 项 目	允许偏差(mm)	检 验 方 法
4	插纱锭高低、进出距离	0 ～2.0	拉线,用钢直尺检查
5	插纱锭扁铁托架高低距离	±2.0	用钢直尺检查

5.13.4 燃气管、火口部分安装技术要求应符合表 5.13.4 的规定。

表 5.13.4 燃气管、火口部分安装技术要求

项次	检 验 项 目	技术要求(mm)	检 验 方 法
1	火口端面与火口外罩高低距离	1.0	用钢直尺检查
2	火口端面与火口外罩左右距离	1.0 ～2.0	用钢直尺检查
3	燃气管进气点应高于尾端	10.0 ～15.0	用钢直尺检查

5.13.5 接头应密封不漏气。

5.13.6 铜阀门应在同一直线上,接头应密封不漏气。

5.13.7 燃气软管接头应紧凑,不应漏气。

5.13.8 火口高低应在同一水平直线上。

5.13.9 纱架支柱间距应适中。

5.13.10 排气罩托架高低位置应一致。

5.13.11 玻璃门移动应平稳,里、外门不应碰撞。

5.14 摇 纱 机

5.14.1 机架部分安装的允许偏差应符合表 5.14.1 的规定。

表 5.14.1 机架部分安装的允许偏差

项次	检 验 项 目	允许偏差	检 验 方 法
1	车头墙板垂直度	0～0.06mm	用水平仪检查
2	各列墙板垂直度	0～0.06mm	用水平仪检查
3	车面纵向斜跨水平度	0～0.04/1000	用平尺副检查
4	车面横向水平度	0～0.04/1000	用平尺副检查
5	机架中心线与基准线对称度	0～1.0mm	吊线锤,用钢板尺检查

5.14.2 退、卷、传动部分安装的允许偏差应符合表 5.14.2 的规定。

表 5.14.2 退、卷、传动部分安装的允许偏差

项次	检验项目	允许偏差(mm)	检验方法
1	丝框传动轴至车面高度	±0.20	用专用工具、塞尺检查
2	丝框传动轴径向圆跳动	0～0.20	用百分表检查
3	丝框周长与标准差	±2.5	用皮带尺检查
4	往复杆与车面高度	0～0.2	用定位规、塞尺检查
5	插纱锭与导丝钩对齐	±2.0	吊线锤，用钢板尺检查
6	筒架立柱	±1.0	用钢板尺检查
7	夹套高低位置	±1.0	用钢板尺检查

5.14.3 往复杆运行不应紧轧、顿挫。

5.14.4 丝框表面应光滑、平整。

6 丝织主要设备安装

6.1 络 丝 机

6.1.1 机架部分安装的允许偏差应符合表6.1.1的规定。

表6.1.1 机架部分安装的允许偏差

项次	检验项目	允许偏差	检验方法
1	机架纵向水平度	0～0.20/1000	用平尺副检查
2	机架横向水平度	0～0.20/1000	用平尺副检查

6.1.2 机身部分安装的允许偏差应符合表6.1.2的规定。

表6.1.2 机身部分安装的允许偏差

项次	检验项目	允许偏差	检验方法
1	主轴水平度	0～0.10/1000	用水平仪检查
2	主轴径向圆跳动	0～0.20mm	用百分表检查
3	摩擦轮径向圆跳动	0～0.35mm	用百分表检查

6.1.3 同侧同层筒子架、绷架搁脚应平齐。

6.1.4 绷架中心与筒子中心应一致。

6.1.5 摩擦轮与筒子盘的接触长度不应小于9mm。

6.1.6 摩擦盘与筒子摩擦圈的接触长度不应小于12mm。

6.1.7 绷架装配后调节左右手柄应有不小于90°的相对灵活转动,绷架直径大小应可调。

6.1.8 手转动绷架组件,退绕环不应与周围任何机件相擦。

6.2 并 丝 机

6.2.1 机架部分安装的允许偏差应符合表6.2.1的规定。

表 6.2.1 机架部分安装的允许偏差

项次	检验项目	允许偏差	检验方法
1	机架纵向水平度	0～0.20/1000	用水平仪检查
2	机架横向水平度	0～0.20/1000	用水平仪检查

6.2.2 机身部分安装的允许偏差应符合表 6.2.2 的规定。

表 6.2.2 机身部分安装的允许偏差

项次	检验项目	允许偏差	检验方法
1	主轴水平度	0～0.10/1000	用水平仪检查
2	主轴径向圆跳动	0～0.20mm	用百分表检查
3	摩擦轮径向圆跳动	0～0.35mm	用百分表检查

6.2.3 摩擦轮与筒子摩擦圈的接触长度不应小于 12mm。

6.2.4 摩擦轮与筒子摩擦圈脱开时的空隙不应小于 1mm。

6.3 真丝倍捻机

6.3.1 机架部分安装的允许偏差应符合表 6.3.1 的规定。

表 6.3.1 机架部分安装的允许偏差

项次	检验项目	允许偏差	检验方法
1	机架中心线与基准线对称度	0～1.0mm	吊线锤，用钢直尺检查
2	机架垂直度	0～0.10/1000	用平尺副检查
3	机架纵、横向水平度	0～0.10/1000	用平尺副检查
4	机架全长水平度	0～0.20/1000	用平尺副检查
5	齿轮箱纵、横向水平度	0～0.05/1000	用平尺副检查
6	龙筋纵、横向水平度	0～0.10/1000	用平尺副检查
7	摩擦滚筒轴纵、横向水平度	0～0.10/1000	用平尺副检查
8	车尾安装电机的导轨纵、横向水平度	0～0.10/1000	用平尺副检查

6.3.2 机架连接应紧密、平齐。

6.3.3 机身部分安装的允许偏差应符合表6.3.3的规定。

表6.3.3 机身部分安装的允许偏差

项次	检验项目	允许偏差(mm)	检验方法
1	摩擦辊轴径向圆跳动	0～0.35	用百分表检查
2	导丝头底面与摩擦筒间距	1.0～2.0	用钢直尺检查
3	导丝器对锭子中心	0～2.0	吊线锤,用钢直尺检查

6.3.4 锭子应安装垂直。

6.3.5 成型箱输出轴与同侧摩擦辊轴的安装孔应在同一水平直线上。

6.3.6 摩擦辊轴同侧轴承安装孔应在同一水平直线上。

6.3.7 同侧导丝杆、同侧搁丝杆应在同一直线上。

6.3.8 筒子架起落应灵活,抬起到位后应支撑可靠。

6.3.9 龙带上下位置应处于锭子带轮的中心位置。

6.3.10 中心导丝器的高度调整应方便可靠。

6.4 整 经 机

6.4.1 分条整经机安装的允许偏差应符合表6.4.1的规定。

表6.4.1 分条整经机安装的允许偏差

项次	检验项目	允许偏差	检验方法
1	两地轨与基准线距离	0～1.0mm	用钢直尺检查
2	两地轨平行度	0～1.0mm	用钢直尺检查
3	两地轨水平度	0～0.30/1000	用水平尺检查
4	倒轴架与地轨平行度	0～1/1000	用钢直尺检查
5	倒轴架水平度	0～0.30/1000	用水平尺检查
6	机头位移	±0.01mm	用百分表检查

6.4.2 机头固定式分条整经机安装的允许偏差应符合表6.4.2的规定。

表 6.4.2 机头固定式分条整经机安装的允许偏差

项次	检验项目	允许偏差	检验方法
1	机头水平度	0～0.30/1000	用水平尺检查
2	倒轴架与机头平行度	0～1/1000	用钢直尺检查
3	倒轴架水平度	0～0.30/1000	用水平尺检查

6.4.3 分批整经机安装的允许偏差应符合表 6.4.3 的规定。

表 6.4.3 分批整经机安装的允许偏差

项次	检验项目	允许偏差	检验方法
1	机头水平度	0～0.30/1000	用水平尺检查
2	倒轴架与机头地轨平行度	0～1/1000	用钢直尺检查
3	倒轴架水平度	0～0.30/1000	用水平尺检查
4	机头位移	±0.01mm	用百分表检查

6.4.4 筒子架与整经机之间的距离可为 4.5m～5.0m。

6.4.5 筒子架安装应准确牢固,不应歪斜。

6.5 剑杆织机

6.5.1 墙板、钢筘安装的允许偏差应符合表 6.5.1 的规定。

表 6.5.1 墙板、钢筘安装的允许偏差

项次	检验项目	允许偏差	检验方法
1	左、右墙板纵向水平度	0～0.5/1000	用水平仪检查
2	胸梁横向水平度	0～0.1/1000	用水平仪检查
3	钢筘与钢筘挡板之间的平行度	0～0.5mm	用塞尺检查

6.5.2 引纬机构安装的允许偏差应符合表 6.5.2 的规定。

表 6.5.2 引纬机构安装的允许偏差

项次	检验项目	允许偏差(mm)	检验方法
1	左、右剑轮工作面平面度	0～0.5	用专用工具检查
2	左、右滑动导轨工作面平面度	0～0.3	用专用工具检查
3	左、右滑动导轨工作中心线直线度	0～0.5	用专用工具检查

6.5.3 开口机构的安装应符合相应技术文件的要求。

6.5.4 送经小齿轮与大齿轮之间的间隙不应大于 0.20mm。

6.5.5 后梁张力系统的安装应符合下列要求：

1 后梁辊筒旋转应灵活；

2 张力系统反应应灵敏，张力压簧作用应有效。

6.6 电子提花机

6.6.1 机架部分安装的允许偏差应符合表 6.6.1 的规定。

表 6.6.1 机架部分安装的允许偏差

项次	检验项目	允许偏差	检验方法
1	机架纵、横向水平度	0～1/1000	用水平尺检查
2	纹针中心垂线与织机墙板内侧中心线距离	0～2.0mm	吊线锤，用钢直尺检查
3	纹针中心基点对织机织口的距离170mm 处	0～3.0mm	
4	海底板水平度	0～2/1000	用水平尺检查

6.6.2 传动部分安装的允许偏差应符合表 6.6.2 的规定。

表 6.6.2 传动部分安装的允许偏差

<table>
<tr><th>项次</th><th>检验项目</th><th>允许偏差</th><th colspan="2">检验方法</th></tr>
<tr><td>1</td><td>传动横轴径向圆跳动</td><td>0～1.0mm</td><td>点动织机按钮用百分表检查</td><td>停车时用拉线和钢直尺检查</td></tr>
</table>

续表 6.6.2

项次	检验项目	允许偏差	检验方法	
2	传动立轴径向圆跳动	0～1.5mm	点动织机按钮用百分表检查	停车时用拉线和钢直尺检查
3	传动立轴与铅垂线夹角	0～25°	吊线锤，用角度尺检查	
4	传动下箱输入轴与织机输出轴同轴度	0～φ0.15mm	用百分表检查	

6.6.3 手动盘车2圈～3圈时，不应有阻卡及干涉。

6.6.4 手动盘车到织机前死点，刻度盘在零度时，提花机刻度盘指针应在35°～45°。

6.6.5 海底板与织机目板距离应与棚架高度相匹配，通丝与水平面夹角不应小于60°。

7 丝绸印染主要设备安装

7.1 挂 练 槽

7.1.1 槽内蒸汽加热管应布置均匀,并应在加热管上面安装不锈钢网板。

7.1.2 槽体溢流口以下部位及放液装置应密封良好,不应渗漏。

7.1.3 温度控制应准确、均匀、可靠。

7.1.4 行车底部应有防护罩,不应有锈水、机油等污物落入练槽内。

7.1.5 挂练槽安装的允许偏差应符合表 7.1.5 的规定。

表 7.1.5 挂练槽安装的允许偏差

项次	检验项目	允许偏差	检验方法
1	槽体前后、左右水平度	0～2/1000	用水平尺检查
2	前后槽水平度	0～2/1000	用水平尺检查

7.2 星形架挂练机

7.2.1 槽内蒸汽加热管应布置均匀,并应在加热管上面安装不锈钢网板。

7.2.2 槽体溢流口以下部位及放液装置应密封良好,不应渗漏。

7.2.3 进水、进汽阀应灵活可靠,且不应渗漏。

7.2.4 温度控制应准确、均匀、可靠。

7.2.5 星形挂绸架零部件表面应光滑、清洁,不应有毛刺。

7.2.6 挂绸针板的钩针间距应合理、均匀。

7.2.7 整体脱针的螺旋形滑条和条幅上的滑槽转动应灵活。

7.2.8 升降摇摆装置应动作平稳、均匀。

7.2.9 行车底部应有防护罩，不应有锈水、机油等污物落入练槽内。

7.2.10 星形架挂练机安装的允许偏差应符合表7.2.10的规定。

表7.2.10 星形架挂练机安装的允许偏差

项次	检验项目	允许偏差	检验方法
1	槽体水平度	0～1/1000	用水平尺检查
2	前后槽水平度	0～2/1000	用水平尺检查
3	前后槽直线度	±2.0mm	拉线，用钢直尺检查
4	行车轨道与练槽中心线的平行度	0～1/1000	吊线锤，用钢直尺检查

7.3 轧水打卷机

7.3.1 导布辊、开幅辊、打卷辊的表面应光滑、清洁，同时转动应灵活。

7.3.2 打卷装置升降应平稳，上、下极限位置限位开关应灵敏、可靠。

7.3.3 传动电机应安装防水罩。

7.3.4 检视灯应采用防水性良好的防爆灯。

7.3.5 进水、进汽、放液阀应灵活可靠，不应渗漏。

7.3.6 轧水打卷机安装的允许偏差应符合表7.3.6的规定。

表7.3.6 轧水打卷机安装的允许偏差

项次	检验项目	允许偏差	检验方法
1	辊筒水平度	0～0.2/1000	用水平仪检查
2	相邻辊筒平行度	0～0.5/1000	用水平仪、钢卷尺检查

7.4 卷 染 机

7.4.1 卷染机的技术要求应符合现行国家标准《印染设备工程安装与质量验收规范》GB 50667的规定。

7.4.2 卷染机安装的允许偏差应符合表 7.4.2 的规定。

表 7.4.2 卷染机安装的允许偏差

项次	检验项目	允许偏差	检验方法
1	绷架中心轴水平度	0～0.3/1000	用水平仪检查
2	绷架中心轴游隙	0～0.8mm	用塞尺检查
3	绷架中心轴端面与轴承端面的间隙	0～0.5mm	用塞尺检查

7.5 绳状染色机

7.5.1 不锈钢轧辊、橡胶轧辊、导布辊及提布辊等与织物接触部位的表面应光滑、清洁。

7.5.2 前、后门升降应有平衡装置，操作应轻巧，密封应良好。

7.5.3 温度控制应准确、可靠。

7.5.4 绳状染色机安装的允许偏差应符合表 7.5.4 的规定。

表 7.5.4 绳状染色机安装的允许偏差

项次	检验项目	允许偏差	检验方法
1	轧辊水平度	0～1/1000	用水平尺检查
2	导布辊、提布辊水平度	0～1/1000	用水平尺检查
3	导布辊、提布辊与轧辊平行度	0～1/1000	用钢卷尺检查

7.6 常温常压溢流染色机

7.6.1 泳槽、储布槽的内腔表面应光滑、清洁。

7.6.2 上盖与缸体的连接密封应良好。

7.6.3 提布辊表面应光洁，两端密封应良好。

7.6.4 循环泵运转应平稳，涌液应均匀、平稳，两端密封应良好。

7.6.5 常温常压溢流染色机安装的允许偏差应符合表 7.6.5 的规定。

表 7.6.5 常温常压溢流染色机安装的允许偏差

项次	检验项目	允许偏差	检验方法
1	横向水平度	0～1/1000	用水平尺检查
2	纵向水平度	0～0.5/1000	用水平尺检查
3	提布辊水平度	0～0.5/1000	用水平尺检查
4	进出布辊水平度	0～1/1000	用水平尺检查

7.7 经轴染色机

7.7.1 经轴染色机的技术要求应符合现行国家标准《印染设备工程安装与质量验收规范》GB 50667 的规定。

7.7.2 主循环泵、加料泵应安装牢固、运转平稳无异响。

7.8 平网喷墨、喷蜡制网机

7.8.1 机架部分安装的允许偏差应符合表 7.8.1 的规定。

表 7.8.1 机架部分安装的允许偏差

项次	检验项目	允许偏差	检验方法
1	机架主副导轨面横向水平度	±0.2mm	用水平仪检查
2	机架主副导轨面纵向水平度	±0.1mm	用水平仪检查
3	丝杆轴承座安装面与导轨安装面的平行度	±0.05/1000	用平尺副检查
4	两机架两对角线长度	±2mm	用钢卷尺检查

7.8.2 导轨部分安装的允许偏差应符合表 7.8.2 的规定。

表 7.8.2 导轨部分安装的允许偏差

项次	检验项目	允许偏差(mm)	检验方法
1	导轨接缝处直线度	±0.02	用百分表检查
2	主导轨的基准面直线度	±0.1	用百分表、直尺检查
3	主、副导轨间距	±0.3	用百分表检查
4	主、副导轨平行度	±0.05	用百分表检查

7.8.3 丝杆部分安装的允许偏差应符合表7.8.3的规定。

表7.8.3 丝杆部分安装的允许偏差

项次	检验项目	允许偏差	检验方法
1	丝杆与主导轨的平行度	±0.02mm	用百分表检查

7.8.4 丝杆安装后，手盘动丝杆阻力应均匀。

7.8.5 圆柱导轨的支座安装面和导轨表面不应有碰损、毛刺。

7.8.6 横梁导轨预装光栅安装的允许偏差应符合表7.8.6的规定。

表7.8.6 横梁导轨预装光栅安装的允许偏差

项次	检验项目	允许偏差(mm)	检验方法
1	主圆柱导轨侧面与主导轨的平齐度	±0.03	用百分表检查
2	主、副导轨间距	±0.2	用游标卡尺检查
3	主、副导轨高度	±0.04	用百分表检查
4	主、副导轨直线度	±0.12	用百分表检查

7.8.7 横移平台移动阻力不应大于20N。

7.8.8 横移架横梁与底板间距不应大于0.05mm。

7.8.9 横移架左、中、右三点移动阻力应均匀。

7.8.10 丝杠轴向预拉量的技术要求应为0～0.03/1000。

7.8.11 装网导轨部分安装的允许偏差应符合表7.8.11的规定。

表7.8.11 装网导轨部分安装的允许偏差

项次	检验项目	允许偏差(mm)	检验方法
1	锁紧导轨间距	±0.02	用游标卡尺检查
2	锁紧导轨与横梁平行度	±0.10	用百分表检查
3	两装网导轨间距	±0.5	用钢卷尺检查

7.8.12 夹网导轨应与侧面安装定位板靠紧后打孔，各固定螺钉长度不应穿透导轨贴面板。

7.8.13 网框压紧装置的安装应符合下列要求：

1 两边同时扳动手柄时，导杆移动应灵活；

2 压紧装置在滑块上推动时，阻力应均匀。

7.8.14 顶网装置的上表面应低于喷头面。

7.8.15 除尘组件的安装应符合下列要求：

1 喷头停在接近开关位置时，接蜡盒应位于喷头正下方；

2 接蜡盒与喷头及罩壳不应刮擦。

7.8.16 横梁光栅尺部分安装的允许偏差应符合表7.8.16的规定。

表 7.8.16 横梁光栅尺部分安装的允许偏差

项次	检验项目	允许偏差(mm)	检验方法
1	光栅尺壳体与横移平台纵、横向平行度	±0.10	用百分表检查
2	滑块与壳体间距	±0.50	用塞尺检查

7.9 圆网喷墨、喷蜡制网机

7.9.1 床身、机脚部分安装的允许偏差应符合表 7.9.1 的规定。

表 7.9.1 床身、机脚部分安装的允许偏差

项次	检验项目	允许偏差	检验方法
1	导轨安装面水平度	0～0.09/1000	用千分尺检查
2	床身纵向水平度	0～0.06/1000	用千分尺检查

7.9.2 导轨部分安装的允许偏差应符合表 7.9.2 的规定。

表 7.9.2 导轨部分安装的允许偏差

项次	检验项目	允许偏差(mm)	检验方法
1	导轨平行度	±0.02	用百分表检查
2	导轨直线度	±0.20	用百分表检查

7.9.3 横移、尾架平板移动应平稳。

7.9.4 喷头移动应灵活。

7.9.5 光栅及主轴带轮应转动平稳，L型插入式螺纹接头转动应灵活。

7.10 自动印花调浆染色配液机

7.10.1 阀定位盘与架子连接的偏差应为0～3mm。

7.10.2 电子秤四脚水平度偏差应为0～0.01mm。

7.10.3 色浆搅拌轴圆跳动偏差应为0～0.1mm。

7.10.4 升降装置部分安装的允许偏差应符合表7.10.4的规定。

表7.10.4 升降装置部分安装的允许偏差

项次	检验项目	允许偏差(mm)	检验方法
1	升降装置垂直度	0～0.50	用直角尺、塞尺检查
2	电机跟搅拌器安装垂直度	0～0.50	用直角尺、塞尺检查

7.10.5 执行机构四块导向板上下活动应灵活。

7.10.6 化料搅拌轴圆跳动偏差应为0～0.2mm。

7.10.7 糊料搅拌轴部分安装的允许偏差应符合表7.10.7的规定。

表7.10.7 糊料搅拌轴部分安装的允许偏差

项次	检验项目	允许偏差	检验方法
1	高速轴径向圆跳动	0～0.10mm	用百分表检查
2	低速轴径向圆跳动	0～0.20mm	用百分表检查
3	高速轴、低速轴垂直度	0～0.5°	用万能角度尺检查

7.10.8 罩壳应安装平整，螺丝应紧固，表面不应擦伤。罩壳应颜色统一、整体美观、接缝平整，不应有凹凸现象。

7.11 印花台板

7.11.1 龙筋铺设应平整，间距应合理。

7.11.2 软台板铺设绒布、漆布应在台面加热状态下进行，铺设应平整，不应有起皱等缺陷。

7.11.3 水槽、水斗密封应良好。

7.11.4 热台板加热管铺设应均匀，焊接处不应有渗漏。

7.11.5 印花台板安装的允许偏差应符合表7.11.5的规定。

表7.11.5 印花台板安装的允许偏差

项次	检验项目	允许偏差	检验方法
1	插销定位孔直线度	0～0.50mm	拉线，用塞尺检查
2	插销定位孔每330mm间距	±0.10mm	用芯棒、游标卡尺检查
3	上、下手定位垂直度	0～0.5/1000	吊线锤，用钢直尺检查
4	活络轨道直线度	0～0.20mm	拉线，用塞尺检查

7.11.6 软台板铺设绒布、漆布前，钢板台面应平整。

7.11.7 硬台板台面应平整。

7.12 平网印花机

7.12.1 平网印花机的技术要求，应符合现行国家标准《印染设备工程安装与质量验收规范》GB 50667的规定。

7.12.2 印花导带、烘房网带表面应平整、清洁。

7.12.3 烘房导带纠偏装置应灵敏、有效。

7.12.4 导带清洗装置清洗、刮水干燥效果应良好，并应无残留水渍、浆料和其他杂质。

7.13 圆网印花机

7.13.1 圆网印花机的技术要求应符合现行国家标准《印染设备工程安装与质量验收规范》GB 50667的规定。

7.13.2 导布辊表面应光滑、清洁。

7.13.3 导带清洗装置清洗、刮水干燥效果应良好，并应无残留水渍、浆料和其他杂质。

7.13.4 刮浆刀调节应灵活。

7.14 导带式数码喷墨印花机

7.14.1 机架部分安装的允许偏差应符合表7.14.1的规定。

表7.14.1 机架部分安装的允许偏差

项次	检验项目	允许偏差(mm)	检验方法
1	机架与轴承座垂直度	0～0.10	用水平仪检查
2	机架轴承座侧面两对角线长度	0～2.0	用钢卷尺检查

7.14.2 主辊筒部分安装的允许偏差应符合表7.14.2的规定。

表7.14.2 主辊筒部分安装的允许偏差

项次	检验项目	允许偏差(mm)	检验方法
1	轴承外圈与轴承座端面间距	±0.01	用塞尺检查
2	主辊筒径向圆跳动	0～0.08	用百分表检查

7.14.3 手转动主辊筒时,阻力应均匀。

7.14.4 张紧辊筒与纠偏辊筒部分安装的允许偏差应符合表7.14.4的规定。

表7.14.4 张紧辊筒与纠偏辊筒部分安装的允许偏差

项次	检验项目	允许偏差(mm)	检验方法
1	轴承外圈与轴承座端面间距	±0.01	用塞尺检查
2	两辊筒径向圆跳动	0～0.10	用百分表检查

7.14.5 张紧辊筒、调节螺杆转动应灵活。

7.14.6 纠偏装置的调节螺杆与联轴器的连接轴间位置径向圆跳动偏差应为0～0.1mm。

7.14.7 导带组件部分安装的允许偏差应符合表7.14.7的规定。

表 7.14.7 导带组件部分安装的允许偏差

项次	检验项目	允许偏差(mm)	检验方法
1	导带居两辊筒中间	0～1.0	用钢直尺检查
2	两张紧辊筒间距	±0.10	用游标卡尺检查

7.14.8 两升降机同步升降偏差应为0～0.05mm。

7.14.9 横移组件部分安装的允许偏差应符合表7.14.9的规定。

表 7.14.9 横移组件部分安装的允许偏差

项次	检验项目	允许偏差(mm)	检验方法
1	喷头移动时与导带平行度	0～0.15	用塞尺检查
2	喷头移动时与光栅安装面平行度	0～0.15	用塞尺检查

7.14.10 喷头移动应平稳。

7.15 圆筒蒸化机

7.15.1 挂绸架钩针间距应合理、均匀,并应光滑、清洁。

7.15.2 立式蒸化机的吊机摆动应灵活,起吊电机工作应正常、无异响。

7.15.3 罐盖启、合应设置辅助装置,操作应轻便,同时应设置安全联锁控制。

7.15.4 圆筒蒸化机安装的允许偏差应符合表7.15.4的规定。

表 7.15.4 圆筒蒸化机安装的允许偏差

项次	检验项目	允许偏差	检验方法
1	立式圆筒蒸化机垂直度	1/1000	吊线锤,用钢直尺检查
2	卧式圆筒蒸化机水平度	1/1000	用平尺副检查
3	卧式圆筒蒸化机挂绸架轨道水平度	0.5/1000	用平尺副检查

7.16 连续蒸化机

7.16.1 挂布杆链条应传动平稳，不应掉链。

7.16.2 挂布杆转动应灵活。

7.16.3 挂布杆表面应有防滑、透气、不吸水的功能。

7.16.4 成环机构运行应平稳、可靠。

7.16.5 进布口、出布口及顶板保温应合理，不应有冒汽和滴漏。

7.16.6 循环风机、排风风机运转应平稳、无异响。

7.16.7 温度、速度、时间和环长等工艺参数的显示和控制应准确、可靠。

7.16.8 连续蒸化机安装的允许偏差应符合表 7.16.8 的规定。

表 7.16.8 连续蒸化机安装的允许偏差

项次	检验项目	允许偏差	检验方法
1	机架、内箱体侧墙板垂直度	0～1/1000	用平尺副检查
2	机架、内箱体顶板、底板水平度	0～1/1000	用平尺副检查
3	主传动链轮轴水平度	0～0.5/1000	用平尺副检查
4	挂布辊水平度	0～0.3/1000	用水平尺检查
5	相邻挂布辊平行度	0～1.0mm	用钢卷尺检查
6	进布辊水平度	0～0.4/1000	用平尺副检查
7	出布辊水平度	0～0.4/1000	用平尺副检查
8	二导轨横跨水平度	0～0.4/1000	用平尺副检查

7.17 平幅连续水洗机

7.17.1 导布辊、轧辊、开幅辊及转鼓等表面应光滑、清洁，运转应灵活、平稳。

7.17.2 安装机械密封的轴表面、密封件表面安装前应清洁干净，不应有影响密封性能的损伤。

7.17.3 机械密封、橡胶密封应良好，不应渗漏。

7.17.4 箱体溢流口以下部位及放液阀密封应良好，不应渗漏。

7.17.5 箱盖、门窗开启应灵活、可靠。

7.17.6 加压机构动作应灵活。

7.17.7 多单元同步传动运转应平稳。

7.17.8 振荡、喷淋等装置运转应稳定、无异响。

7.17.9 平幅连续水洗机安装的允许偏差应符合表 7.17.9 的规定。

表 7.17.9 平幅连续水洗机安装的允许偏差

项次	检 验 项 目	允许偏差	检 验 方 法
1	各单元机中心线与基准线对称度	0～2mm	吊线锤，用钢直尺检查
2	水洗箱(导布辊)横跨水平度	0～0.5/1000	用平尺副检查
3	水洗箱纵向水平度	0～0.5/1000	用平尺副检查
4	相邻导布辊平行度	0～0.5/1000	用钢卷尺检查
5	轧辊水平度	0～0.5/1000	用平尺副检查
6	轧辊与相邻导布辊平行度	0～1mm	用钢卷尺检查

7.18 绳状连续水洗机

7.18.1 导布辊、轧辊、提布辊等表面应光滑、清洁。

7.18.2 箱体溢流口以下部位及放液阀密封应良好，不应渗漏。

7.18.3 加压机构的动作应灵活。

7.18.4 带退捻开幅的绳状连续水洗机探头应灵敏，退捻动作应灵活、可靠。

7.18.5 绳状连续水洗机安装的允许偏差应符合表 7.18.5 的规定。

表 7.18.5　绳状连续水洗机安装的允许偏差

项次	检验项目	允许偏差	检验方法
1	各单元机中心线与基准线对称度	0～2.0mm	吊线锤，用钢直尺检查
2	轧辊水平度	0～1/1000	用平尺副检查
3	导布辊、提布辊水平度	0～1/1000	用平尺副检查
4	导布辊、提布辊与轧辊平行度	0～1/1000	用专用量具、塞尺检查

7.19　辊筒式烘干整理机

7.19.1　烘筒表面应光滑、清洁。

7.19.2　导布辊及烘筒转动应平稳、无异常。

7.19.3　烘筒排水应正常。

7.19.4　辊筒式烘干整理机安装的允许偏差应符合表 7.19.4 的规定。

表 7.19.4　辊筒式烘干整理机安装的允许偏差

项次	检验项目	允许偏差	检验方法
1	墙板垂直度	0～0.5/1000	用平尺副检查
2	烘筒表面水平度	0～0.5/1000	用平尺副在烘筒中部检查
3	相邻烘筒间平行度	0～1/1000	用钢卷尺检查
4	导布辊水平度	0～0.5/1000	用平尺副在导布辊中部检查
5	导布辊与烘筒间平行度	0～0.5/1000	用钢卷尺检查
6	烘筒轴端面与轴承端面间隙	0～1.50mm	用塞尺检查

7.20　松式烘干机

7.20.1　网带表面应平整清洁、无毛刺。

7.20.2　喷风管位置布置应合理，安装应稳固、无松动。

7.20.3　网带运行应平稳，纠偏应可靠。

7.20.4　风机运转应平稳、无异响。

7.20.5 隔热门板密封应良好。

7.20.6 松式烘干机安装的允许偏差应符合表7.20.6的规定。

表7.20.6 松式烘干机安装的允许偏差

项次	检验项目	允许偏差	检验方法
1	机架横向、纵向水平度	0～0.5/1000	用平尺副检查
2	网带主、被动辊水平度	0～0.5/1000	用平尺副检查
3	网带主、被动辊平行度	0～0.5/1000	用钢卷尺检查

7.21 呢毯整理机

7.21.1 烘筒表面应光滑、清洁。

7.21.2 导布辊及烘筒转动应平稳、无异常。

7.21.3 烘筒虹吸排水效果应良好、无水击声。

7.21.4 呢毯纠偏装置应灵敏、可靠。

7.21.5 呢毯整理机安装的允许偏差应符合表7.21.5的规定。

表7.21.5 呢毯整理机安装的允许偏差

项次	检验项目	允许偏差	检验方法
1	墙板垂直度	0～0.5/1000	用平尺副检查
2	烘筒表面水平度	0～0.5/1000	用平尺副在烘筒中部检查
3	相邻烘筒间平行度	0～1/1000	用钢卷尺检查
4	导布辊水平度	0～0.5/1000	用平尺副在导布辊中部检查
5	导布辊与烘筒间平行度	0～0.5/1000	用钢卷尺检查

7.22 小布铗拉幅呢毯整理机

7.22.1 进布探边装置应灵敏、有效。

7.22.2 布铗刀口与布面接触应平整。

7.22.3 调幅丝杆传动应灵活。

7.22.4 导轨连接应牢固、平整。

7.22.5 布铗链条连接应灵活，运行应平稳。

7.22.6 烘筒表面应光滑、清洁。

7.22.7 导布辊及烘筒转动应平稳、无异常。

7.22.8 呢毯纠偏装置应灵敏、可靠。

7.22.9 小布铗拉幅呢毯整理机安装的允许偏差应符合表7.22.9的规定。

表7.22.9 小布铗拉幅呢毯整理机安装的允许偏差

项次	检验项目	允许偏差	检验方法
1	机架垂直度	0～1/1000	吊线锤，用钢卷尺检查
2	导轨横梁纵横向水平度	0～0.2/1000	用平尺副检查
3	相邻导轨横梁纵跨水平度	0～0.2/1000	用平尺副检查
4	中段导轨平行度	0～2mm	吊线锤，用钢直尺检查
5	烘筒表面水平度	0～0.5/1000	用平尺副在烘筒中部检查
6	相邻烘筒间平行度	0～1/1000	用钢卷尺检查
7	导布辊与烘筒间平行度	0～0.5/1000	用钢卷尺检查

7.23 拉幅定形机和预缩整理机

7.23.1 拉幅定形机的技术要求应符合现行国家标准《印染设备工程安装与质量验收规范》GB 50667的规定。

7.23.2 拉幅定形机的进布探边装置应灵敏、有效。

7.23.3 预缩整理机的技术要求应符合现行国家标准《印染设备工程安装与质量验收规范》GB 50667的规定。

7.24 卷验机

7.24.1 导辊和检验板表面应光滑、清洁。

7.24.2 卷布辊左右跟踪移动应灵活。

7.24.3 卷验机安装的允许偏差应符合表7.24.3的规定。

表 7.24.3 卷验机安装的允许偏差

项次	检验项目	允许偏差	检验方法
1	卷布辊水平度	0～0.5/1000	用平尺副在导布辊中部检查
2	两卷布辊平行度	0～1/1000	用钢卷尺检查

8 设备试运转

8.1 一 般 规 定

8.1.1 设备安装完成后，应按本规范和现行国家标准《机械设备安装工程施工及验收通用规范》GB 50231 的有关规定进行空车试运转，需经过负荷验证安装的设备应增加带负荷试运转。

8.1.2 空车试运转应从部件、组件开始，然后至单机、联合机。

8.1.3 试运转过程中在上一步骤合格前，不应进行下一步骤的试运转。

8.1.4 空车试运转过程中，应检查设备运转状况，并应做好记录。

8.2 通用部件试运转

8.2.1 机械部分试运转应符合下列要求：

1 整机运转应平稳，并应无异振、异响。

2 轴承运转应平稳，并应无异振、异响，温升应符合技术文件要求。

3 传动带、链应传动平稳、张紧适当，并应无异跳、异摆。

4 传动副应传动平稳、转动灵活，并应无异振、异响。

5 凸轮与转子应接触良好，转动应平稳。

6 其他回转部件应传动平稳、灵活，并应无异振、异响。

7 所有零部件的紧固件、连接件不应松动。

8 纤维和织物通道表面应光滑、清洁，并应无油污。

9 保险装置工作应可靠。

10 安全装置应安装准确、灵敏、可靠。

11 变速箱的安装应符合下列要求：

1)加油量应符合相关技术文件规定；

2)油环、油杯工作应正常；

3)箱体无漏油。

12 油泵的安装应符合下列要求：

1)泵体、油路及连接处无漏油；

2)加压稳定，释压灵活。

13 各润滑点润滑应充分，润滑油路应畅通。

8.2.2 管道、控制阀、仪器、仪表部分试运转应符合下列要求：

1 各管道、密封装置连接应良好，并应无泄漏；

2 控制阀工作应正常；

3 各类仪器、仪表应齐全且工作应正常，显示应准确；

4 冷却装置工作应正常。

8.2.3 电气部分试运转应符合下列要求：

1 电机应正常，并应无异振、异响，安全性能应保证；

2 电器装置不应松动，绝缘应良好；

3 自停装置应灵敏、可靠、工作正常；

4 安全防护装置应齐全、可靠；

5 限位开关、行程开关动作应准确；

6 显示器、指示灯安装应正确，反应应灵敏，显示应准确。

8.2.4 皮辊转动应灵活、平稳，表面应无油污、毛疵。

8.2.5 除尘装置工作应良好。

8.2.6 空车功耗、整机噪声应符合相关技术文件规定。

8.3 制丝主要设备试运转

8.3.1 茧检定机试运转应符合下列要求：

1 捕集机构传动运行应平稳，捕集茧在出口处应全部倒光；

2 调节链条的各链节应互不缠绕；

3 各离合器装置离合应有效，不应自动脱开；

4 探索片往复摆动应灵活、无停顿，与感知器细限感知杆接触应可靠；

5　感知器感知运动上下摆动应灵活，丝条进出感知器应对准中心；

6　添绪杆添绪动作应正常，不应有滞后和过快现象，与给茧机感受杆配合应同步；

7　捞茧应正常，动作应协调；

8　丝故障检测和防切断装置反应应灵敏，动作应可靠，停簸停添应有效；

9　汤锅各接缝处不应渗水、漏水。

8.3.2　剥茧机试运转应符合下列要求：

1　铺茧辊表面应光滑，不应伤茧质，铺茧量应均匀；

2　调节毛茧输送带松紧程度应适当，输送带运行应平稳，输送带张紧辊调节手轮应调节方便、灵活；

3　吸尘装置密封应良好；

4　离合器开关应灵活、可靠；

5　剥茧口大小应小于平均茧幅 1mm～2mm；

6　挡茧板与剥茧带间隙应大于平均茧幅 3mm～4mm。

8.3.3　选茧机试运转应符合下列要求：

1　铺茧量应均匀；

2　铺茧量调节装置应随不同的原料茧能随意调节铺茧量。

8.3.4　煮茧机试运转应符合下列要求：

1　槽体接缝处不应漏气、漏水；

2　观察窗窗框与槽体间密封应良好，不应漏气、漏水；

3　茧笼在运转中应平稳，不应轧笼、顿笼；

4　笼盖应盖紧，不应有漏茧；

5　高温渗透部的反射铜皮应密闭，不应漏气；

6　各部位的汽、水喷射管喷射应均匀，孔眼应畅通；

7　真空渗透桶盖紧后不应有漏水、漏气现象；

8　底盖出口、接茧斗、评茧箱三者安装位置应正确，不应有漏接茧现象；

9 玻璃水位计指示线应清晰，指示应准确；

10 浮球阀应正确控制水位；

11 真空渗透桶进水阀开启应快速。

8.3.5 全自动真空动态触蒸机的两桶体与桶盖密封应良好，不应有渗漏现象。

8.3.6 自动缫丝机试运转应符合下列要求：

1 络绞周转轮系齿轮摆动不应有爬行现象。

2 导丝装置不应擦丝。

3 探索片往复摆动应灵活。

4 给茧机试运转应符合下列要求：

1）捞茧轴转动应灵活；

2）超越离合器离合动作应快捷；

3）两捞茧爪轮流捞茧应正确、灵活。

5 探索添绪凸轮应符合同步探索要求。

6 调节链条的各链节应互不缠绕。

7 添绪时接绪翼角不应与添绪杆相碰。

8 添绪杆与给茧机应同步。

9 索理绪锅不应漏水。

10 有绪与无绪茧移茧斗在上位时应与淌茧板在同一平面或略高，在下位时应与底板相平或略低。

11 索绪体、锯齿片、偏心盘和捞针四者的绪丝交接应保证丝辫的连续性。

12 理绪锅水流应畅通，流量流速控制应均匀。

13 自动加茧与给茧机应同步。

14 自动探量动作应灵敏、可靠。

15 索绪装置温度自动控制应准确、灵敏、可靠。

16 缫丝槽各接缝处、转向联接处不应渗水、漏水。

17 烘丝管和加温管在阀门和连接处不应漏气。

8.3.7 小篗真空给湿机试运转应符合下列要求：

1 真空给湿桶与桶盖密封应良好，不应渗漏；

2 开闭盖电动机的转向应与开闭盖动作相符。

8.3.8 复摇机试运转应符合下列要求：

1 采用变频器或机械无级变速器调速应正确、可靠，不应自动脱档；

2 大籖开关应灵活，自停装置应灵敏，刹车后不应倒转；

3 大籖传动的防倒刹车离合器装置应有效、可靠；

4 移丝杆运动应平稳、灵活，不应有爬行现象；

5 大籖托出装置应灵活，工作位置应正确；

6 车厢顶部排湿筒应畅通，排湿口调节应方便；

7 烘丝管、冷水管在阀门和连接处均不应漏气；

8 电动机应逆时针转动；

9 大籖脚不应勾丝；

10 大籖转速允许偏差应为±2%。

8.3.9 小籖络筒机试运转应符合下列要求：

1 锭箱内密封应良好，不应渗油、漏油；

2 锭箱内润滑油量应按规定加足；

3 筒管装卸应灵活，锁紧装置应可靠；

4 直角形导丝板摆动应灵活，其一端的滑块在成形摇板导槽中往复滑动应灵活；

5 活动门栅开、闭应灵敏；

6 超喂装置的分丝杆分丝应清楚，转动应灵活；

7 断头自停装置反应应灵敏，停筒应可靠。

8.4 绢纺主要设备试运转

8.4.1 脱水机、烘燥机、抖绵机试运转的技术要求，应符合现行国家标准《麻纺织设备工程安装与质量验收规范》GB/T 50638的有关规定。

8.4.2 除蛹机试运转应符合下列要求：

1 梳辊运转应平稳；

2 上、下沟槽罗拉至梳辊隔距应左右一致；

3 输绵帘运行应平稳，帘套不应窜移；

4 梳针角度、露针长度应一致，不应缺针；

5 防护装置应齐全；

6 刹车工作应灵敏、可靠。

8.4.3 自动开茧机试运转应符合下列要求：

1 进绵帘传动轴运转应灵活；

2 进绵帘、皮板运行应平稳，不应跑偏、顿挫；

3 离合器动作应灵敏、有效；

4 刹车应灵敏、可靠，气缸工作应正常；

5 剥取罗拉工作应良好；

6 光电装置应反应灵敏、动作正常；

7 供气应正常；

8 斩刀应锋利且工作正常。

8.4.4 混绵机试运转应符合下列要求：

1 进、出绵帘传动轴运转应灵活，帘子运行应平稳，不应顿挫、跑偏；

2 吸风装置工作应良好；

3 剥取罗拉工作应正常；

4 锡林、尘笼运转应平稳。

8.4.5 梳绵机试运转应符合下列要求：

1 针布表面应清洁，不应挂绵、缠绵、堵绵；

2 大漏底应清洁良好，不应落白花；

3 离合器动作应灵活、有效；

4 剥绵装置剥绵效果应良好，不应挂绵、绕绵、堵绵；

5 圈条底盘运行应平稳、灵活；

6 绵网应均匀，不应有明显云斑、破边、破洞及周期性机械疵点。

8.4.6 高速针梳机试运转应符合下列要求：

1 梳箱部分不应卡针板；

2 针板工作应良好，并应无钩针、弯针、断针、油污；

3 左右打手工作应同步；

4 梳箱毛刷工作应良好；

5 前罗拉加压应正常；

6 清洁装置工作应正常；

7 皮辊与牵伸罗拉接触应良好；

8 皮辊加压装置加压应着实，卸压应松弛；

9 圈条器工作应正常、平稳、无异响；

10 成形装置工作应正常、平稳，成形应良好。

8.4.7 精梳机试运转应符合下列要求：

1 上、下喂入罗拉接触应良好；

2 喂入罗拉加压装置加压应着实，卸压应松弛；

3 导辊转动应灵活；

4 梳理部分工作应良好，上拔取罗拉与顶梳不应相碰，不应有弯针、断针、钩针；

5 皮板工作应良好，回转应平稳，不应跑偏、打滑；

6 钳板左、右钳制力应均匀；

7 针板条、隔栏板表面应平整、光滑；

8 钳板小毛刷工作应良好。

8.4.8 粗纱机试运转应符合下列要求：

1 差速装置工作应正常；

2 皮圈张力应一致，不应跑偏；

3 罗拉加压应符合工艺要求；

4 成形装置动作应准确、灵活；

5 加压装置加压应着实，卸压应松弛；

6 锭子、锭翼运转应平稳；

7 加压罗拉与牵伸罗拉接触应良好。

8.4.9 细纱机试运转应符合下列要求：

1 罗拉加压应均匀一致，压力应符合工艺要求；

2 横动装置工作应灵活、无顿挫；

3 皮圈运行应平稳、无跑偏；

4 钢领板、叶子板升降应平稳、灵活、无顿挫；

5 吸绵装置吸绵应可靠有效，不应堵塞、漏风；

6 纱锭运转应平稳，锭带不应打滑、跑偏。

8.4.10 自动络筒机试运转应符合下列要求：

1 进气压缩空气压力应符合工艺要求；

2 插纱锭角度应符合工艺要求；

3 夹臂架锥度应符合工艺要求；

4 吸风风压应符合工艺要求。

8.4.11 并纱机试运转应符合下列要求：

1 风机运行应平稳且工作正常；

2 槽筒轴运转应正常；

3 筒管与槽筒应平行，接触应良好且运转平稳；

4 测长、断纱监控器工作应灵敏、可靠。

8.4.12 短纤倍捻机试运转应符合下列要求：

1 摩擦辊轴、超喂罗拉运行应平稳；

2 筒管与摩擦筒接触应良好，运转应灵活；

3 储纱罐运行应平稳，不应跟转；

4 龙带张紧后的伸长量不应大于0.6%，且应处于张力轮中间位置；

5 导丝杆运行应平稳；

6 超喂罗拉与摩擦筒相对位置应居中；

7 刹车作用应良好，刹车踏板未踩下时，锭子带轮与刹车块不应摩擦；

8 筒子架自动抬升应有效；

9 龙带自动张紧装置应有效；

10 导丝嘴应能自动导入纱线，且运行中不应跳出；

11 锭速不匀率不应大于1%。

8.4.13 烧毛机试运转应符合下列要求：

1 滚筒运转应平稳；

2 筒管架起落应灵活，筒管架张力应均匀；

3 筒管与滚筒表面接触应良好；

4 火口与纱面的距离应满足生产工艺要求；

5 所有锭套运转应灵活，纱线不应上浮；

6 横动扁铁运行应平稳，不应顿挫；

7 燃气不应泄漏；

8 筒子纱的成形质量应符合下道退绕要求。

8.4.14 摇纱机试运转应符合下列要求：

1 纱框运转应平稳；

2 往复杆运行应无紧轧、顿挫；

3 满纱自停装置、刹车应良好。

8.5 丝织主要设备试运转

8.5.1 络丝机试运转应符合下列要求：

1 筒子架起落应灵活；

2 筒子装卸、夹持应自如，转动应灵活，不应卡滞；

3 导丝杆运行应平稳，不应跳动或顿挫；

4 绷架转动应平稳；

5 成形箱不应渗油、漏油，机件润滑应良好。

8.5.2 并丝机试运转应符合下列要求：

1 筒子架起落应灵活；

2 筒子装卸、夹持应自如，转动应灵活，不应卡滞；

3 导丝杆运行应平稳，不应跳动或顿挫；

4 张力控制杆起落应灵活，V形架单丝张力宜控制在2.5cN～3cN；

5　自停装置各触点通、断应可靠，反应应灵敏，且应符合自停要求。

8.5.3　真丝倍捻机试运转应符合下列要求：

1　过丝部件转动应灵活，外表应光滑耐磨；

2　摩擦辊轴运行应平稳，加固保护托应有效；

3　筒管与摩擦辊接触应良好，运转应灵活，不应呆滞；

4　导丝嘴应能自动导入丝线，且运行中不应跳出；

5　锭子运行应平稳，不应有异常；

6　外磁圈与锭罩吸力应稳定，不应跟转；

7　断丝杠杆调整位置应恰当且工作有效；

8　龙带运行时张力应为600N～800N，且应处于张力轮中间位置；

9　在更换捻向后，龙带应运行平稳，不应跑偏；

10　导丝杆运行应平稳，不应跳动或顿挫；

11　刹车应灵敏、可靠；

12　成形箱收幅机构应可调，卷取成形应良好；

13　锭速不匀率不应大于0.5%。

8.5.4　整经机试运转应符合下列要求：

1　刹车应灵敏、可靠；

2　上下轴应灵敏、可靠；

3　计数仪、断经仪工作应正常；

4　各限位装置应灵敏、可靠；

5　定长应符合工艺设定要求。

8.5.5　剑杆织机试运转应符合下列要求：

1　送经、卷取动作应协调；

2　卷布辊快速释放装置应有效，手柄旋转应灵活；

3　综框运行时不应有异响；

4　剑带运行应平稳，纬纱交接应正常；

5　多臂、选纬动作应正常；

6 伺服系统的动作应符合纬密要求，电机运转方向应正确；

7 张力变化和转速应显示正常。

8.5.6 电子提花机试运转应符合下列要求：

1 提针动作应准确、可靠；

2 传动横轴、立轴转动应平稳，且应工作可靠，不应有明显晃动。

8.6 丝绸印染主要设备试运转

8.6.1 挂练槽试运转应符合下列要求：

1 槽内应清理干净，并应无杂物；

2 注水并加热到工艺温度时，槽体和放液装置不应渗漏；

3 前、后、左、右与中间的温度允许偏差应为±1℃。

8.6.2 星形架挂练机试运转应符合下列要求：

1 槽内应清理干净，不应有杂物；

2 注水并加热到工艺温度时，槽体和放液装置不应渗漏；

3 前、后、左、右与中间的温度允许偏差应为±1℃；

4 星形架整体脱钩应整齐，不应有钩绸现象。

8.6.3 轧水打卷机试运转应符合下列要求：

1 打卷装置升降应平稳，限位应灵敏、可靠；

2 检视灯应采用防爆灯，密封应良好。

8.6.4 卷染机试运转时自动换向、计道、温度控制应准确、可靠。

8.6.5 绳状染色机试运转应符合下列要求：

1 整机运转应平稳，不应有异响；

2 不锈钢轧辊、橡胶轧辊、导布辊及提布辊等与织物接触部位表面均应光滑、清洁。

8.6.6 常温常压溢流染色机试运转应符合下列要求：

1 液位、温度控制和显示应准确、可靠；

2 各管泳槽的染液溢流量应一致、稳定；

3 泳槽、储布槽的内腔等表面均应光滑、清洁、流畅，不应擦伤、钩丝、堵绸；

4 整机运转应平稳，不应有异响和滴漏。

8.6.7 经轴染色机试运转应符合下列要求：

1 温度及液位控制应准确、可靠；

2 温度、压力保护装置控制应准确、可靠；

3 循环泵、整机应运转平稳，不应有异响和滴漏；

4 安全联锁装置应完好、有效。

8.6.8 平网喷墨、喷蜡制网机压网件上升到最大行程位置时，喷头距离网平面位置不应小于5mm。

8.6.9 圆网喷墨、喷蜡制网机试运转时，电源关闭后，应等待3min后再打开。

8.6.10 自动印花调浆染色配液机试运转应符合下列要求：

1 调试前应检查罩壳，应安装平整，螺丝应紧固，表面不应擦伤；

2 各类电源不应频繁开、关，应等电源关闭3min后再打开；

3 不应带电插、拔元器件；

4 管路送浆压力不应低于1.0MPa；

5 管路进浆压力不应低于0.6MPa；

6 流量计误差应为±5%。

8.6.11 印花台板试运转应符合下列要求：

1 热台板加热到工作温度后，台面应平整、无变形，台面漆布应无宽松现象；

2 用标准网板进行接版和套色检验时，接版和套色误差应为±0.1mm。

8.6.12 平网印花机试运转应符合下列要求：

1 进布、贴布装置运行应平稳，对边应良好，贴布应平整，不应有起皱现象；

2 刮刀架运动应平稳，刮印应清晰，不应有异常声响；

3 印花导带应表面平整、两边整齐，应无气孔、分层、起泡等缺陷，并应具有良好的弹性，接缝处应牢固，不应有开裂及凹凸现象；

4 印花导带纠偏装置动作应正常；

5 烘房网带应表面平整，性能应稳定，在正常使用过程中运行 72h 后，长度的伸缩率不应大于 1%；

6 烘房工作温度不应高于 180℃，烘房内左、中、右温差不应大于 5℃；

7 网带纠偏装置动作应正常；

8 相邻两个印花单元纵横向对花精度偏差应为 0～0.1mm。

8.6.13 圆网印花机试运转应符合下列要求：

1 进布、贴布装置运行应平稳，对边应良好，贴布应平整，不应有起皱现象；

2 圆网与印花导带的间隙应合理，与导带同步应良好；

3 圆网张紧和定位应有效，正常工作时网筒不应扭网和横向游动；

4 印花导带表面应平整，两边应整齐，不应有气孔、分层、起泡等缺陷，并应具有良好的弹性，接缝处应牢固，不应有开裂及凹凸现象；

5 印花导带纠偏装置动作应正常；

6 烘房网带表面应平整，性能应稳定，在正常使用过程中运行 72h 后，长度的伸缩率不应大于 1%；

7 烘房工作温度不应高于 180℃，烘房内左、中、右温差不应大于 5℃；

8 网带纠偏装置动作应正常；

9 相邻两个圆网对花精度偏差应为 ±0.1mm，任意两圆网的对花精度应为 ±0.2mm；

10 自动加浆控制应灵敏。

8.6.14 导带式数码喷墨印花机试运转应符合下列要求：

1 电源不应频繁开、关，应等电源关闭 3min 后再打开；

2　喷头应保护完好，不应被擦、刮、碰、撞。

8.6.15　圆筒蒸化机试运转时罐盖启、合应操作轻便，同时安全联锁装置应完好、有效。

8.6.16　连续蒸化机试运转应符合下列要求：

1　成环机构运行应平稳、可靠；

2　循环风机、排风风机运转应平稳、无异响；

3　升温到工作温度连续运行8h时，进布口、出布口及顶板不应冒汽和滴漏；

4　挂布杆不应有织物滑落；

5　连续试运行8h，环长应均匀；

6　左、中、右温差不应大于2℃。

8.6.17　平幅连续水洗机试运转应符合下列要求：

1　整机运转应稳定，织物不应有明显跑偏、起皱；

2　振荡、喷淋和传动装置运转应稳定、无异响；

3　加压机构动作应灵活。

8.6.18　绳状连续水洗机试运转应符合下列要求：

1　箱体溢流口以下部位及放液阀密封应良好，不应渗漏；

2　加压机构动作应灵活；

3　退捻开幅效果应良好。

8.6.19　辊筒式烘干整理机试运转应符合下列要求：

1　织物不应有明显跑偏、起皱；

2　烘筒排水应正常。

8.6.20　松式烘干机试运转应符合下列要求：

1　网带表面不应有造成织物擦伤、钩丝的缺陷；

2　网带传动应平稳，纠偏装置动作应灵敏、可靠；

3　机械传动、风机运转应平稳，不得有异响；

4　喷风应均匀，在工作温度条件下，烘房内左、中、右温差不应大于5℃；

5　循环风机、排风机运转应稳定，不应有异响；

6　烘房隔热门密封应良好，烘房温度为150℃时，隔热门板外表面与工作环境温差不应大于15℃（烘房进、出布端除外）；

7　温度控制应稳定。

8.6.21　呢毯整理机试运转应符合下列要求：

1　织物张力应均匀可调，且不应有明显跑偏；

2　机械传动运转应平稳，不应有异响；

3　烘筒排水应正常；

4　呢毯纠偏装置动作应灵敏、可靠。

8.6.22　小布铗拉幅呢毯整理机试运转应符合下列要求：

1　进布探边装置应灵敏、有效；

2　布铗刀口与布面接触应平整，不应有脱铗；

3　烘筒排水应正常；

4　呢毯纠偏装置动作应灵敏、可靠。

8.6.23　拉幅定形机和预缩整理机试运转应符合下列要求：

1　风机运转应平稳，不应有异响；

2　进布探边装置应灵敏、有效；

3　针、布铗与布面接触动作应可靠，不应脱铗、脱针；

4　针、布铗左右脱针、开口应一致；

5　超喂装置应准确；

6　烘房隔热门密封应良好，烘房温度为150℃时，隔热门板外表面与工作环境温差不应大于15℃（烘房进、出布端除外）；

7　各加压辊、张紧辊动作应灵活，运转应平稳；

8　烘筒排水应正常；

9　呢毯纠偏应灵敏、可靠。

8.6.24　卷验机试运转应符合下列要求：

1　卷布辊左右移动应灵活，卷布应整齐；

2　计道应准确。

9 工程安装验收

9.0.1 设备安装及试运转完成后，应按本规范和现行国家标准《机械设备安装工程施工及验收通用规范》GB 50231 的有关规定进行工程验收。

9.0.2 设备安装质量验收记录应符合下列要求：

1 设备单机安装验收应按本规范表 A 的规定执行；

2 设备试运转验收应按本规范表 B.0.1 和表 B.0.2 的规定执行。

9.0.3 工程质量不符合要求时，应及时处理或返工，并应重新进行验收。

9.0.4 工程质量不符合要求，并经处理和返工仍不能满足安全使用要求的工程不应验收。

附录A　丝绸设备单机安装验收记录

附录A　丝绸设备单机安装验收记录

设备名称			
安装单位			
用户单位			
序号	检查项目	检查评定	备注
1			
2			
3			
4			
5			
6			
7			
8			
9			
10			
11			
12			
13			
14			
15			
验收结论	安装单位结论	技术负责人：	年　月　日
	用户单位结论	技术负责人：	年　月　日

附录B　丝绸设备单机试运转验收记录

B. 0. 1　丝绸设备单机空车试运转验收应按表B. 0. 1进行记录。

表B. 0. 1　丝绸设备单机空车试运转验收记录

<table>
<tr><td colspan="2">设备名称</td><td colspan="3"></td></tr>
<tr><td colspan="2">安装单位</td><td colspan="3"></td></tr>
<tr><td colspan="2">用户单位</td><td colspan="3"></td></tr>
<tr><td colspan="2">序号</td><td>试运转项目</td><td>试运转情况</td><td>试运转结果</td></tr>
<tr><td colspan="2">1</td><td></td><td></td><td></td></tr>
<tr><td colspan="2">2</td><td></td><td></td><td></td></tr>
<tr><td colspan="2">3</td><td></td><td></td><td></td></tr>
<tr><td colspan="2">4</td><td></td><td></td><td></td></tr>
<tr><td colspan="2">5</td><td></td><td></td><td></td></tr>
<tr><td colspan="2">6</td><td></td><td></td><td></td></tr>
<tr><td colspan="2">7</td><td></td><td></td><td></td></tr>
<tr><td colspan="2">8</td><td></td><td></td><td></td></tr>
<tr><td colspan="2">9</td><td></td><td></td><td></td></tr>
<tr><td colspan="2">10</td><td></td><td></td><td></td></tr>
<tr><td rowspan="2">验收结论</td><td>安装单位结论</td><td colspan="3">技术负责人：　　　　年　　月　　日</td></tr>
<tr><td>用户单位结论</td><td colspan="3">技术负责人：　　　　年　　月　　日</td></tr>
</table>

B.0.2 丝绸设备单机负荷试运转验收应按表 B.0.2 进行记录。

表 B.0.2 丝绸设备单机负荷试运转验收记录

<table>
<tr><td colspan="2">设备名称</td><td colspan="3"></td></tr>
<tr><td colspan="2">安装单位</td><td colspan="3"></td></tr>
<tr><td colspan="2">用户单位</td><td colspan="3"></td></tr>
<tr><td colspan="2">序号</td><td>试运转项目</td><td>试运转情况</td><td>试运转结果</td></tr>
<tr><td colspan="2">1</td><td></td><td></td><td></td></tr>
<tr><td colspan="2">2</td><td></td><td></td><td></td></tr>
<tr><td colspan="2">3</td><td></td><td></td><td></td></tr>
<tr><td colspan="2">4</td><td></td><td></td><td></td></tr>
<tr><td colspan="2">5</td><td></td><td></td><td></td></tr>
<tr><td colspan="2">6</td><td></td><td></td><td></td></tr>
<tr><td colspan="2">7</td><td></td><td></td><td></td></tr>
<tr><td colspan="2">8</td><td></td><td></td><td></td></tr>
<tr><td colspan="2">9</td><td></td><td></td><td></td></tr>
<tr><td colspan="2">10</td><td></td><td></td><td></td></tr>
<tr><td rowspan="2">验收结论</td><td>安装单位结论</td><td colspan="3">技术负责人： 年 月 日</td></tr>
<tr><td>用户单位结论</td><td colspan="3">技术负责人： 年 月 日</td></tr>
</table>

本规范用词说明

1 为便于在执行本规范条文时区别对待，对要求严格程度不同的用词说明如下：

1）表示很严格，非这样做不可的：

正面词采用“必须”，反面词采用“严禁”；

2）表示严格，在正常情况下均应这样做的：

正面词采用“应”，反面词采用“不应”或“不得”；

3）表示允许稍有选择，在条件许可时首先应这样做的：

正面词采用“宜”，反面词采用“不宜”；

4）表示有选择，在一定条件下可以这样做的，采用“可”。

2 条文中指明应按其他有关标准执行的写法为：“应符合……的规定”或“应按……执行”。

引用标准名录

《建筑物防雷设计规范》GB 50057
《爆炸危险环境电力装置设计规范》GB 50058
《电气装置安装工程　电气设备交接试验标准》GB 50150
《机械设备安装工程施工及验收通用规范》GB 50231
《纺织工业企业职业安全卫生设计规范》GB 50477
《麻纺织设备工程安装与质量验收规范》GB/T 50638
《印染设备工程安装与质量验收规范》GB 50667
《工业管道的基本识别色、识别符号和安全标识》GB 7231
《纺织机械　安全要求》GB/T 17780

中华人民共和国国家标准

丝绸设备工程安装与质量验收规范

GB/T 51088 - 2015

条 文 说 明

制订说明

本规范编制过程中，编制组进行了国内外丝绸设备的使用、生产、发展等情况的调查研究，总结了我国丝绸工程建设的实践经验，以设备安装经验和科学技术的综合成果为依据，将已鉴定或技术上成熟、经济上合理且经实践验证的科研成果纳入本规范。规范编制中的技术内容参考了丝绸各设备的产品标准、技术条件、使用说明书，并执行了现行国家标准《丝绸工厂设计规范》GB 50926、《机械设备安装工程施工及验收通用规范》GB 50231 及《纺织机械 安全要求》GB/T 17780 等的相关条款。

为了便于广大设计、施工、科研、学校等单位有关人员在使用本规范时能正确理解和执行条文规定，本规范编制组按章、节、条顺序编制了本规范的条文说明，对条文规定的目的、依据以及执行中需注意的有关事项进行了说明。但是，本条文说明不具备与规范正文同等的法律效力，仅供使用者作为理解和把握规范规定的参考。

目　　次

1 总　　则

1.0.1 本条阐明了编制本规范的目的。

1.0.2 本条明确了本规范的适用范围。

1.0.3 本条反映了其他相关标准、规范的作用。

2 基本规定

2.0.1 丝绸设备安装是专业性较强的工程施工项目，为保证工程施工质量，本条规定对从事丝绸设备工程安装的施工企业进行资质和质量管理内容的检查验收，强调市场准入制度。

2.0.2 本条是认真执行、具体落实《建设工程质量管理条例》规定的体现，也同时符合标准化法规定。

2.0.3 施工过程中经常会遇到需要修改设计的情况，本条明确规定，施工单位无权修改设计图纸，施工中发现的施工图纸问题，应及时与设计单位联系，修改施工图纸必须有设计单位的设计变更正式手续。

2.0.5 丝绸设备工程安装中压力容器的安装质量关系工程的安全使用，本条作了明确规定。

2.0.6 除有特殊要求外，安装前的一些其他施工条件应符合现行国家标准《机械设备安装工程施工及验收通用规范》GB 50231 的有关规定，这由丝绸设备同其他机械设备属性上有共性，在施工条件要求上有一定类同决定。

2.0.12 相关物料指与安装设备有关的器材、辅助材料和标准件等。

2.0.13 为明确责任和安装顺利，开箱检查时相关方宜委派相关人员同时在场清点核实。

4 制丝主要设备安装

4.1 茧检定机

4.1.1 表4.1.1中的平尺副是指平尺、平尺垫铁和水平仪合在一起使用的简称。

4.6 自动缫丝机

4.6.2 再精平又叫复平。

4.6.6 表4.6.6项次1～3老机型是上、中、下及探索主轴，新机型是上、中及探索主轴。

4.6.11 若是无导轮缫丝机，给茧机的链条则应按其允许偏差进行连接。

4.6.12 表4.6.12项次14接绪翼座又叫百灵台。

5 缫纺主要设备安装

5.2 除蛹机

5.2.1 表5.2.1项次4垂直度的表示有两种,当被测物小于1000mm时,用数值表示;当被测物较长,大于1000mm时,用比例表示。

5.3 自动开茧机

5.3.2 表5.3.2项次4～6、13中的牵伸辊又叫分梳棍;项次10～14中的锡林又叫集绵辊。

5.3.5 表5.3.5项次1、2中的进绵罗拉又叫刺辊罗拉。

5.5 梳绵机

5.5.1 表5.5.1中项次4用平尺副检查机架纵向水平度时,垫铁应使用高圆柱搁铁。项次6中用专用工具检查锡林四角与四周墙板距离时,应在前两角或后两角相等时,用塞尺检查前后位置。

5.5.7 表5.5.7中项次5、6、7用塞尺检查与锡林对应工作面的大漏底内弧面母线的直线度时,塞尺应自鼻尖放入15mm的范围内。

5.7 精梳机

5.7.2 表5.7.2项次2九号凸轮是用于带动拔取罗拉的凸轮的。

5.11 并纱机

5.11.1 表5.11.1项次2～3当平车时可以用框式水平仪检验。

5.12 短纤倍捻机

5.12.1 表5.12.1中项次3当平车时可以用水平仪检验。

6　丝织主要设备安装

6.1　络　丝　机

6.1.1、6.1.2　络丝机是指有边筒子络丝机。

6.1.4、6.1.5　仅对径向退解的机型适用。

6.1.6～6.1.8　仅对轴向退解的机型适用。

6.2　并　丝　机

6.2.1、6.2.2　并丝机是指无捻并丝机。

6.4　整　经　机

6.4.1　表6.4.1中项次1可以用钢卷尺检验，项次3当平车时可以用水平仪检验。

6.6　电子提花机

6.6.1　表6.6.1中项次3本偏差范围只适合剑杆织机，对喷水、喷气织机不适合。

6.6.2　表6.6.2中项次1～2因提花机主轴、传动轴较长，轴的跳动对产品质量起着至关重要的作用，因而应分开车、停车两种情况检验。

7　丝绸印染主要设备安装

7.3　轧水打卷机

7.3.4　轧水打卷工序除了将经过练白的丝绸在清水里清漂、打成卷装外，还需对其进行检验是否有尚未练透的部位。而检视灯安装的位置有大量的水，所以不应采用普通照明灯，必须采用防水性良好的防爆灯，否则会产生漏电对人造成伤害。

7.6　常温常压溢流染色机

7.6.5　常温常压溢流染色机俗称拉缸染色机。

7.15　圆筒蒸化机

7.15.3　压力容器有造成人身伤害的可能性，因此，必须设置安全联锁装置，当压力减至安全压力时，才可开启罐盖，防患于未然。

8 设备试运转

8.3 制丝主要设备试运转

8.3.2 第6款应在挡茧板开启时检验。

8.6 丝绸印染主要设备试运转

8.6.12、8.6.13 烘房工作温度小于或等于180℃，烘房网带在正常使用过程中运行72h后，长度的伸缩率不超过原长度的1%，在新网带运行72h后，用钢直尺测量张紧辊的位移量。

9 工程安装验收

9.0.2 为了掌握设备安装、试运转情况，以便双方交接有依据，应填写本规范附录 A、附录 B 中的表格。